30 Minuten

Arbeitgeber-attraktivität

Anabel Ternès

Externe Links wurden bis zum Zeitpunkt der Drucklegung des Buches geprüft. Auf etwaige Änderungen zu einem späteren Zeitpunkt hat der Verlag keinen Einfluss. Eine Haftung des Verlags ist daher ausgeschlossen.

Bibliografische Information der Deutschen Nationalbibliothek. Die Deutsche Nationalbibliothek verzeichnet diese Publikation in der Deutschen Nationalbibliografie; detaillierte bibliografische Daten sind im Internet über http://dnb.d-nb.de abrufbar.

ISBN 978-3-96739-193-0

Umschlaggestaltung: Zerosoft, Timisoara (Rumänien)
Umschlagkonzept: Buddelschiff, Stuttgart | www.buddelschiff.de
Lektorat: Silke Martin, Kriftel
Autorinnenfoto: Bettina Volke
Satz und Layout: Zerosoft, Timisoara (Rumänien)
Druck und Bindung: Salzland Druck, Staßfurt

Ein Hinweis zu gendergerechter Sprache: Die Entscheidung, in welcher Form alle Geschlechter angesprochen werden, obliegt den jeweiligen Verfassenden.

Wir drucken in Deutschland.

www.gabal-verlag.de
www.gabal-magazin.de
www.twitter.com/gabalbuecher
www.facebook.com/gabalbuecher
www.instagram.com/gabalbuecher

Wir übernehmen Verantwortung! Ökologisch und sozial!

- Verzicht auf Plastik: kein Einschweißen der Bücher in Folie
- Nachhaltige Produktion: Verwendung von Papier aus nachhaltig bewirtschafteten Wäldern, PEFC-zertifiziert
- Stärkung des Wirtschaftsstandorts Deutschland: Herstellung und Druck in Deutschland

Wissen auf den Punkt gebracht

Dieses Buch ist so konzipiert, dass Sie in kurzer Zeit prägnante und fundierte Informationen aufnehmen können. Mithilfe eines Leitsystems werden Sie durch das Buch geführt. Es erlaubt Ihnen, innerhalb Ihres persönlichen Zeitkontingents (von 10 bis 30 Minuten) das Wesentliche zu erfassen.

Kurze Lesezeit

In 30 Minuten können Sie das ganze Buch lesen. Wenn Sie weniger Zeit haben, lesen Sie gezielt nur die Stellen, die für Sie wichtige Informationen beinhalten.

- Schlüsselfragen mit Seitenverweisen zu Beginn eines jeden Kapitels erlauben eine schnelle Orientierung: Sie blättern direkt zu dem Thema, das Sie besonders interessiert.
- **Zahlreiche Zusammenfassungen innerhalb der Kapitel erlauben das schnelle Querlesen.**
- Ein Fast Reader am Ende des Buches fasst alle wichtigen Aspekte zusammen.
- Ein Register erleichtert das Nachschlagen.

Inhalt

Vorwort

Liebe Leserinnen und Leser,
herzlich willkommen zu einem Buch, das die Bedeutung von Arbeitgeberattraktivität hervorhebt, Lösungen aufzeigt und Sie motivieren wird, diese Herausforderung anzugehen. In einer Zeit, in der Unternehmen nicht nur attraktive Arbeitsbedingungen schaffen, sondern auch nachhaltige und verantwortungsbewusste Praktiken implementieren müssen, ist es unerlässlich, innovative Ansätze zu finden. Dieses Buch präsentiert einen ganzheitlichen Ansatz für die Gewinnung und Bindung von Mitarbeitenden, der Unternehmen dabei unterstützt, ihre Wettbewerbsfähigkeit zu verbessern. Es zeigt, wie eine Kombination aus ökonomischen, ökologischen und sozialen Maßnahmen die Arbeitgeberattraktivität steigert und somit langfristigen Erfolg ermöglicht.

Sie erfahren, wie Sie eine Unternehmenskultur etablieren, die Ihre Mitarbeitenden begeistert und dazu befähigt, Ihr Unternehmen nach außen hin zu repräsentieren. Sie lernen Strategien kennen, um ökologische Nachhaltigkeit in Ihre Arbeitsbedingungen zu integrieren und dadurch sowohl die Umwelt als auch Ihre Arbeitgeberattraktivität zu verbessern. Angesichts des aktuellen Fachkräftemangels ist es von großer Bedeutung, attraktive Arbeitsbedingungen zu schaffen. Dieses Buch unterstützt Sie dabei, Ihr Unternehmen als Arbeitgeber mit einem attraktiven, verantwortungsvollen Arbeitsumfeld zu positionieren. So können Sie dem Fachkräftemangel wirkungsvoll begegnen und Ihr

Potenzial als attraktiver Arbeitgeber voll ausschöpfen, um mit großartigen Mitarbeitenden das Heute und die Zukunft Ihres Unternehmens erfolgreich zu gestalten. Egal, ob Sie ein kleines Start-up, ein mittelständisches Unternehmen oder ein großer Konzern sind: Dieses Buch ist für Sie geschrieben. Es liefert praxisnahe Beispiele, konkrete Tipps und eine gut verständliche Anleitung zur Umsetzung nachhaltiger und attraktiver Arbeitsbedingungen. Lassen Sie sich inspirieren und nehmen Sie die Herausforderung an, Ihr Unternehmen als attraktiver Arbeitgeber zu positionieren. Machen Sie den ersten Schritt, indem Sie dieses Buch lesen und die Ideen darin auf Ihr Unternehmen anwenden. Ihre Mitarbeitenden und Ihr langfristiger Erfolg werden es Ihnen danken.

Mit herzlichen Grüßen
Anabel Ternès

Um die Lesefreundlichkeit zu verbessern, wird an einigen Stellen bei Personenbezeichnungen und personenbezogenen Hauptwörtern ausschließlich die männliche Form verwendet. Im Sinne der Gleichbehandlung gelten entsprechende Begriffe grundsätzlich für alle Geschlechter. Die verkürzte Sprachform beinhaltet keine Wertung, sondern hat lediglich redaktionelle Gründe.

Welche Rolle spielen Mitarbeiterbefragungen für die Arbeitgeberattraktivität?

Seite 10

Was bedeuten Rankings für Ihre Bedeutung als Arbeitgeber?

Seite 13

Wie wichtig sind Qualität und Anzahl der eingehenden Bewerbungen?

Seite 15

1. Einführung in die Thematik der Arbeitgeberattraktivität

Ein Blick hinter die Kulissen der modernen Arbeitswelt enthüllt die Definition der Arbeitgeberattraktivität. Unternehmen müssen sich neu erfinden, um die besten Talente anzuziehen und zu halten. Die Arbeitgeberattraktivität bezeichnet die Fähigkeit eines Unternehmens, qualifizierte Fachkräfte anzuziehen und langfristig zu binden. Sie basiert auf verschiedenen Faktoren wie Vergütung, Arbeitsbedingungen, Unternehmenskultur, Karrieremöglichkeiten und Work-Life-Balance. Eine attraktive Arbeitgebermarke fördert das Image des Unternehmens und steigert die Mitarbeiterzufriedenheit. Arbeitgeberattraktivität ist entscheidend, um im Wettbewerb um Talente erfolgreich zu sein und langfristig eine starke und motivierte Belegschaft aufzubauen. In diesem Buch enthüllen wir die Schlüsselfaktoren, die Arbeitgeber unwiderstehlich machen: von flexiblen Arbeitszeiten über innovative Benefits bis hin zur Förderung einer inklusiven Kultur: Erfahren Sie, wie die Spitzenreiter die Grenzen des Gewohnten überschreiten und die Vorstellung von einem perfekten Arbeitgeber neu definieren. Bereit, die Spielregeln zu brechen und Ihren eigenen Attraktivitätsfaktor zu steigern? Lesen Sie weiter und entdecken Sie das Geheimnis des Erfolgs in der modernen Arbeitswelt.

1.1 Mitarbeiterbefragungen

Eine effektive Methode, um die Mitarbeiterattraktivität zu messen, ist die Mitarbeiterbefragung, beispielsweise zur Zufriedenheit mit dem Arbeitsumfeld, den Entwicklungsmöglichkeiten oder dem Führungsstil. Durch strukturierte Fragen können wertvolle Erkenntnisse gewonnen werden, um die Attraktivität des Arbeitgebers zu bewerten und gezielte Verbesserungsmaßnahmen abzuleiten.

Antworten ernst nehmen

Es gibt nicht wenige Unternehmen, die diesen Schritt scheuen. Argumente gegen eine Befragung sind dann solche, wie dieser Manager sie aufführt: „Jetzt arbeiten die Mitarbeiter. Aber wenn man erst einmal fragt nach Zufriedenheit, dann überlegen die doch, was wollen die denn wissen, und dann versuchen sie auch Sachen zu finden, mit denen sie unzufrieden sind, dann weckt man doch erst dieses Gefühl, das gefällt uns ja doch nicht, und eine kleine Unzufriedenheit wird dann immer größer." Ein anderer ergänzt: „Fragt man sie erst einmal, erwarten sie auch, dass man das umsetzt, was sie sich wünschen, bemängeln etc. Tut man das nicht, und die Argumente können gut sein, wie sie wollen, dann entsteht Unmut nach dem Motto: Warum habt ihr uns überhaupt gefragt, wenn ihr es doch so macht, wie ihr wollt."

Befragung gut planen

An den beiden Zitaten sieht man: Mitarbeiterbefragungen sind nur sinnvoll, wenn man sie ernst nimmt, aber man sollte schon vor der Planung wissen, worauf man sich einlässt, und die Befragungen hinsichtlich Zeitpunkt, Mitwirkenden, Vorbereitung, Durchführung und Nachbereitung gut planen.

Tipps für Top-Mitarbeiterbefragungen:

1. Definieren Sie klare Ziele und den Zweck der Befragung. Was möchten Sie erfahren oder verbessern? Stellen Sie sicher, dass die Fragen darauf ausgerichtet sind.
2. Gewährleisten Sie die Anonymität der Teilnehmenden, damit sie ehrliche Antworten geben können. Versichern Sie, dass die individuellen Antworten vertraulich behandelt werden, um das Vertrauen der Mitarbeitenden zu stärken.
3. Formulieren Sie die Fragen klar und vermeiden Sie mehrdeutige Formulierungen. Halten Sie die Umfrage kurz und übersichtlich, um die Teilnahmebereitschaft zu erhöhen.
4. Nutzen Sie verschiedene Fragearten wie Multiple Choice, Likert-Skalen oder offene Fragen, um ein umfassendes Bild zu erhalten.
5. Lassen Sie Platz für offenes Feedback, damit Mitarbeitende ihre Meinungen und Ideen frei äußern können.
6. Wählen Sie den Zeitpunkt sorgfältig aus, um sicherzustellen, dass die Mitarbeitenden genügend Zeit haben, um an der Befragung teilzunehmen, und nicht zu gestresst oder überlastet sind.
7. Führen Sie Mitarbeiterbefragungen regelmäßig durch, um Entwicklungen und Veränderungen im Laufe der Zeit zu beobachten und zu analysieren.
8. Analysieren Sie die Ergebnisse gründlich und kommunizieren Sie die Ergebnisse offen an die Mitarbeitenden.

Zeigen Sie auf, welche Maßnahmen aufgrund der Umfrageergebnisse ergriffen werden.

Herausforderungen und mögliche Probleme bei Mitarbeiterbefragungen:

- Mitarbeiterbefragungen können eine niedrige Teilnahmequote haben, wenn Mitarbeitende annehmen, dass ihre Antworten nicht berücksichtigt werden oder es keine Anonymität gibt.
- Wenn Mitarbeitende befürchten, dass ihre Antworten negative Auswirkungen auf ihre berufliche Entwicklung haben könnten, verfälschen sie womöglich ihre Antworten, um sich in einem besseren Licht darzustellen.
- Eine Befragung könnte ungenaue Ergebnisse liefern, wenn die ausgewählten Teilnehmer nicht repräsentativ für die gesamte Belegschaft sind.
- Unklare oder unangemessene Fragen können zu fragwürdigen Ergebnissen führen und das Ziel der Befragung verfehlen.
- Wenn die Ergebnisse nicht angemessen ausgewertet und keine konkreten Maßnahmen ergriffen werden, könnte die Motivation der Mitarbeiter sinken.
- Wenn in der Vergangenheit Mitarbeiterbefragungen nicht zu sichtbaren Verbesserungen geführt haben, könnten die Mitarbeiter skeptisch sein und die Wirksamkeit der Befragung anzweifeln.

Mitarbeiterbefragungen stellen eine effektive Möglichkeit dar, die Arbeitgeberattraktivität zu messen. Sie können ver-

schiedene Bereiche wie Zufriedenheit mit dem Arbeitsumfeld, Entwicklungschancen und Führungsstil abdecken. Strukturierte Fragen liefern wertvolle Erkenntnisse, die zur Bewertung der Arbeitgeberattraktivität dienen und gezielte Verbesserungsmaßnahmen ermöglichen.

1.2 Externe Rankings

Viele Unternehmen nutzen externe Rankings und Auszeichnungen, um ihre Arbeitgeberattraktivität zu messen. Diese Rankings basieren oft auf Umfragen unter Mitarbeitern und beinhalten verschiedene Kriterien wie Arbeitsbedingungen, Vergütung, Karrierechancen und Unternehmenskultur. Durch die Teilnahme an solchen Rankings können Arbeitgeber ihre Position im Vergleich zu anderen Unternehmen bewerten und ihre Stärken und Schwächen identifizieren.

Welche externen Rankings gibt es?

- Forbes Global 2000: Rangliste der größten Unternehmen weltweit, einschließlich deutscher Unternehmen.
- BrandZ Top 50 Germany: Rangliste der wertvollsten Marken in Deutschland.
- Deutscher Nachhaltigkeitspreis: Auszeichnung für Unternehmen mit herausragendem Engagement in Nachhaltigkeit und sozialer Verantwortung.
- Deutschland Test: Unterschiedliche Kategorien wie Kundenzufriedenheit, Servicequalität oder Nachhaltigkeit werden bewertet, um Top-Unternehmen in Deutschland zu küren.

Wahl des richtigen Rankings

Das Ranking sollte zur Branche und den Zielen des Unternehmens passen. Untersuchen Sie die Methodik, die zur Bewertung verwendet wird, um sicherzustellen, dass sie objektiv und fair ist. Suchen Sie nach Rankings mit klaren und transparenten Kriterien und Bewertungsverfahren. Achten Sie darauf, dass das Ranking aktuell ist bzw. regelmäßig aktualisiert wird, um relevante Informationen zu liefern.

Vorteile von Benchmarking

Benchmarking ermöglicht es, Bereiche zu identifizieren, in denen das Unternehmen im Vergleich zu anderen Schwächen aufweist, um gezielte Verbesserungsmaßnahmen zu ergreifen. Durch den Vergleich mit den Besten können Unternehmen von bewährten Praktiken und Strategien anderer lernen. Benchmarking kann Mitarbeiter motivieren, indem es klare Ziele und einen klaren Fokus auf Verbesserung setzt.

Faktoren in einem Ranking

Die Faktoren in einem Ranking hängen stark von der Art des Rankings ab. Typische Faktoren können sein:

- Finanzielle Leistung: Umsatz, Gewinn, Wachstumsrate, Rentabilität usw.
- Mitarbeiterzufriedenheit und -bindung: Mitarbeiterumfragen, Fluktuationsrate, Arbeitsplatzkultur usw.
- Nachhaltigkeit: Umweltfreundliche Praktiken, soziale Verantwortung, ethische Standards usw.
- Innovationskraft: Patente, Forschungsausgaben, Produktneuheiten usw.

- Kundenzufriedenheit: Kundenumfragen, Kundenbindung, Beschwerdequoten usw.

Externe Rankings und Auszeichnungen dienen der Messung der Arbeitgeberattraktivität. Sie stützen sich auf Umfragen unter Mitarbeitern und berücksichtigen Kriterien wie Arbeitsbedingungen, Vergütung, Karrierechancen und Unternehmenskultur. Die Teilnahme an solchen Rankings ermöglicht es Arbeitgebern, ihre Position im Vergleich zu anderen Unternehmen zu bewerten und Stärken sowie Schwächen zu erkennen.

1.3 Binden und Halten von Mitarbeitenden

Die Anzahl und die Qualität der Bewerbungen für offene Stellen können ebenfalls Hinweise auf die Arbeitgeberattraktivität geben. Wenn ein Unternehmen viele qualifizierte Bewerber anzieht, spricht dies für eine positive Wahrnehmung und Attraktivität als Arbeitgeber. Umgekehrt kann eine geringe Anzahl oder schlechte Qualität von Bewerbern auf mögliche Defizite hinweisen.

> Trigema rühmt sich, ganze Familien zu beschäftigen – wenn einer aus der Familie dort arbeite, dürften die anderen Mitglieder nachziehen. Ist das gut oder schlecht? Jedenfalls sagt es wenig darüber aus, ob das Arbeiten bei Trigema angenehm ist oder nicht, wenn es für viele Mitarbeiter einfach praktisch ist, wohnortnah zu arbeiten bzw. dort, wo schon andere Familienmitglieder tätig sind.

Aber was sagt es aus, wenn sich Bewerber auch und gerade von weiter weg bewerben? Sind diese Bewerbungen ernst gemeint oder eher ein Versuch, zu testen, wo man wie gut ankommt? Das ist schwer zu sagen. Das einzige Instrument, das einem Unternehmen hier bleibt, ist die Befragung.

Fluktuationsquote

Die Fluktuation von Mitarbeitern kann ebenfalls ein Indikator für die Arbeitgeberattraktivität sein. Wenn qualifizierte Mitarbeiter das Unternehmen verlassen, kann dies auf Unzufriedenheit oder mangelnde Attraktivität hinweisen. Durch die Analyse der Fluktuation können Unternehmen Trends erkennen und herausfinden, welche Faktoren zur Mitarbeiterbindung beitragen oder hinderlich sind.

Rückkehr erleichtern

Es gibt einen Spruch, der besagt: Die unzufriedenen KundInnen sind die besten, wenn man sie wiedergewinnt. Und so gibt es auch Mitarbeitende, die gehen, um später zurückzukommen, wenn das Verhältnis weiterhin gut ist, wenn der Mitarbeitende beim Gehen gemerkt hat, dass das Unternehmen ihn schätzt und ungern gehen lässt, wenn das Unternehmen mit ihm weiterhin in Kontakt bleibt. Und auch Mitarbeitende, die gehen, können tolle UnternehmensbotschafterInnen sein, wenn sie davon berichten, wie wertschätzend das Outboarding passiert ist, dass man sich Zeit für sie genommen, die Gründe ausführlich besprochen und ihnen angeboten hat, den Wechsel weich zu gestalten, von der Verabschiedung von Kolleginnen bis hin zu den Aufgaben, an denen zuletzt gearbeitet wurde.

Social-Media-Analyse

Die Auswertung von Social-Media-Aktivitäten bestehender und früherer MitarbeiterInnen kann Aufschluss über die Arbeitgeberattraktivität geben. Positive Bewertungen, Kommentare und geteilte Erfahrungen von Mitarbeitern können darauf hinweisen, dass das Unternehmen als attraktiv gilt. Negative Kommentare oder Beschwerden sollten jedoch nicht ignoriert, sondern als Anlass genommen werden, Verbesserungen vorzunehmen. Aber das gilt natürlich nur, wenn die Mitarbeitenden ungelenkt schreiben. Viele Unternehmen sind dazu übergegangen, die Aktivität auf sozialen Medien wie LinkedIn bei ihren Mitarbeitenden als Teil des Jobs zu vermitteln. Ehrliche Feedbacks, Widerstand, Kritik, Ängste werden in einem solchen Setting natürlich weit weniger offen angesprochen.

Beispiel 1: Google

Google ist ein Paradebeispiel für ein Unternehmen, das innovative Strategien zur Mitarbeiterbindung und -motivation entwickelt hat. Neben großzügigen Gehältern gibt es eine Vielzahl von Zusatzleistungen und Anreizen, um Mitarbeiter langfristig zu binden, wie z. B. die **20-Prozent-Zeit.** Mitarbeiter haben die Möglichkeit, 20 Prozent ihrer Arbeitszeit für persönliche Projekte zu verwenden, die sie leidenschaftlich verfolgen. Dies fördert Kreativität, Innovation und Eigenverantwortung. Ein weiterer Anreiz sind kostenlose Mahlzeiten in den Mitarbeiterkantinen, Fitnessstudios, Kinderbetreuung und ein entspanntes Arbeitsumfeld. Google bietet außerdem großzügige finanzielle Unterstützung für die Fort- und Weiterbildung der Mitarbeiter.

Top-Tipps zur Umsetzung:

- Förderung von Kreativität und Eigenverantwortung: Geben Sie Ihren Mitarbeitern die Freiheit, Ideen und persönliche Projekte zu verwirklichen.
- Zusatzleistungen und Wohlfühlangebote: Bieten Sie Zusatzleistungen, die unterstreichen, dass Sie sich um das Wohlbefinden Ihrer Mitarbeiter kümmern.
- Kommunikation und Feedback: Implementieren Sie Strukturen für regelmäßige Kommunikation und Feedbackmechanismen.

Beispiel 2: Salesforce

Salesforce, ein führendes Cloud-Computing-Unternehmen, hat eine starke Unternehmenskultur entwickelt, die besonders soziales Engagement und Nachhaltigkeit fördert. Salesforce bietet den Mitarbeitern bezahlte Freistellungstage für ehrenamtliche Tätigkeiten und unterstützt Spenden an gemeinnützige Organisationen. Diese Praxis stärkt das soziale Engagement der Mitarbeiter und fördert ein Gefühl der Zugehörigkeit. Darüber hinaus legt Salesforce großen Wert auf die Work-Life-Balance durch flexible Arbeitszeiten und die Möglichkeit, von überall aus zu arbeiten. Salesforce betont klare Unternehmenswerte und hat eine „1-1-1“-Philosophie: 1 % des Gewinns, 1 % der Produktzeit und 1 % der Mitarbeiterzeit werden für wohltätige Zwecke gespendet.

Top-Tipps zur Umsetzung:

- Soziale Verantwortung und Nachhaltigkeit: Zeigen Sie Ihr Engagement für soziale Verantwortung und Nach-

haltigkeit und unterstützen Sie Bemühungen der Mitarbeiter.
- Work-Life-Balance: Achten und fördern Sie die Work-Life-Balance Ihrer Mitarbeiter.
- Klare Unternehmenswerte: Betonen Sie Ihre Unternehmenswerte und stellen Sie sicher, dass sie in der täglichen Arbeit sichtbar sind.

Es gibt verschiedene Methoden, um die Attraktivität eines Unternehmens als Arbeitgeber zu messen.

- Ein effektiver Ansatz ist die Mitarbeiterbefragung, die – richtig durchgeführt – verschiedene Aspekte wie Zufriedenheit, Entwicklungsmöglichkeiten und Führungsstil abbildet.
- Die Nutzung externer Rankings und Auszeichnungen als Indikator für die Arbeitgeberattraktivität ist nur dann zielführend, wenn sie zur Branche und zu den Zielen passen.
- Die Anzahl und die Qualität der Bewerber für offene Stellen geben einen weiteren Hinweis auf die Attraktivität eines Arbeitgebers.
- Ebenso zeigen die Fluktuation von Mitarbeitern und die Zahl der „Rückkehrer“ Trends in der Mitarbeiterbindung sowie potenzielle Defizite auf.
- Die Auswertung von Social-Media-Aktivitäten zur Messung der Arbeitgeberattraktivität ist nur dann eine sinnvolle Methode, wenn die Aussagen nicht vom Arbeitgeber gelenkt werden, sondern authentische Meinungen abbilden.

2. Wirkung der Arbeitgeberattraktivität – zwei Sichtweisen

In einer wettbewerbsintensiven Arbeitswelt ist es für Unternehmen von entscheidender Bedeutung, eine hohe Arbeitgeberattraktivität aufrechtzuerhalten, die auch von außen wahrgenommen wird. Potenzielle Bewerber, Kunden und die Gesellschaft im Allgemeinen machen sich ein Bild, das über den reinen Produkterfolg hinausgeht. Es ist ein Blick, der weit über die vier Wände des Unternehmens reicht und die Unternehmenskultur, Werte und soziale Verantwortung mit einschließt. Auch die Wirkung auf die eigenen Mitarbeiter ist von entscheidender Bedeutung für den langfristigen Erfolg und das Wachstum eines Unternehmens. Denn zufriedene und engagierte Mitarbeiter sind das Fundament einer produktiven und innovativen Arbeitsumgebung.

2.1 Arbeitgeberattraktivität aus externer Sicht

Die von außen wahrgenommene Arbeitgeberattraktivität basiert auf verschiedenen Faktoren. Ein wichtiger Aspekt ist das Image des Unternehmens. Eine positive Reputation in Bezug auf Arbeitsbedingungen, Mitarbeiterentwicklung und -zufriedenheit sowie soziales Engagement kann potenzielle Bewerber anziehen und das Vertrauen von Kunden stärken.

Ein Unternehmen, das als fair, innovativ und verantwortungsbewusst wahrgenommen wird, hat einen klaren Wettbewerbsvorteil bei der Anwerbung und Bindung von Talenten.

Transparenz herstellen

Ein weiterer entscheidender Faktor ist die Transparenz. Unternehmen, die offen über Werte, Ziele und Leistungen kommunizieren, ermöglichen es potenziellen Bewerbern, eine fundierte Entscheidung zu treffen. Transparenz in Bezug auf Karrierechancen, Vergütung und Unternehmensstrategie schafft Vertrauen und zieht qualifizierte Kandidaten an, die nach einer langfristigen beruflichen Perspektive suchen.

Vereinbarkeit von Berufs- und Privatleben

Darüber hinaus spielt die Work-Life-Balance eine große Rolle. Unternehmen, die flexibles Arbeiten, Familienunterstützung und Freizeitaktivitäten fördern, werden als attraktive Arbeitgeber wahrgenommen. Die Vereinbarkeit von Beruf und Privatleben ist zu einem Schlüsselfaktor geworden, der die Entscheidung potenzieller Bewerber beeinflusst.

Entwicklungsmöglichkeiten im Unternehmen

Mitarbeiter wollen nicht nur irgendeinen Job, sondern eine langfristige Perspektive – und sie wollen sich in der Zeit wohlfühlen, in der sie arbeiten. Ständige Sorge um die Jobsicherheit oder Angst und Unwohlsein wegen unlauterer Praktiken, Mobbing oder sexueller Übergriffe machen eine Tätigkeit zu einem Lebensinhalt, der Energie kostet und frustriert, mutlos macht oder aber zum Gehen motiviert.

Unternehmen, die in die Weiterbildung und berufliche Entwicklung ihrer Mitarbeiter investieren und alles daransetzen, deren individuelles Potenzial zu fördern, werden als attraktiver empfunden. Die Möglichkeit, neue Fähigkeiten zu erlernen, Verantwortung zu übernehmen und den eigenen Karriereweg zu gestalten, sind entscheidende Elemente für den Faktor Arbeitgeberattraktivität.

Beispiel 1: IBM – Gamification im Recruiting
IBM hat innovative Wege gefunden, um Talente zu rekrutieren. Das Unternehmen nutzt Gamification, um Bewerber zu testen und zu evaluieren. Anstatt herkömmliche Interviews und Tests durchzuführen, erstellt IBM herausfordernde Onlinespiele und Aktivitäten, die die Fähigkeiten und Fertigkeiten der Bewerber auf unterhaltsame Weise überprüfen. Dieser Ansatz zieht Bewerber an, die sich von traditionellen Bewerbungsprozessen nicht angezogen fühlen.

Tipp 1: Kreatives Bewerbungserlebnis bieten
Erforschen Sie innovative Wege, um den Bewerbungsprozess spannend und interaktiv zu gestalten. Gamification kann ein effektiver Weg sein, um Talente anzuziehen und zu evaluieren.

Beispiel 2: Unilever – Video-Interviews und -Bewertungen
Unilever hat Video-Interviews und -Bewertungen in den Auswahlprozess integriert. Bewerber erhalten die Möglichkeit, sich in kurzen Videos vorzustellen und ihre Motivation zu zeigen. Dies ermöglicht dem Unternehmen, die Persönlichkeit und Kommunikationsfähigkeiten der Bewerber besser zu bewerten.

Tipp 2: Digitale Tools für effizientes Screening nutzen
Integrieren Sie digitale Tools wie Video-Interviews und -Bewertungen, um Bewerber frühzeitig zu filtern und dadurch Zeit zu sparen.

Tipp 3: Personalisieren und Feedback bieten
Ermöglichen Sie den Bewerbern eine persönliche Erfahrung und geben Sie ihnen Feedback, auch wenn sie nicht ausgewählt wurden. Dies fördert ein positives Image und langfristiges Engagement mit Ihrem Unternehmen.

Das Image, die Transparenz, die Work-Life-Balance und die Entwicklungsmöglichkeiten eines Unternehmens spielen eine entscheidende Rolle bei der Wahrnehmung von potenziellen Bewerbern, Kunden und der Gesellschaft im Allgemeinen. Unternehmen, die diese Faktoren berücksichtigen und gezielt daran arbeiten, ihre Arbeitgeberattraktivität zu steigern, werden langfristig von einem Pool hoch qualifizierter Talente profitieren und eine starke Marke aufbauen.

2.2 Wirkung nach innen

Eine positive Wirkung als Arbeitgeber nach innen beginnt bei der Schaffung einer offenen und vertrauensvollen Unternehmenskultur. Mitarbeitende sollten sich gehört und respektiert fühlen, unabhängig von ihrer Position oder Hierarchieebene. Dies erzeugt ein Gefühl der Zugehörigkeit und stärkt das Engagement für die gemeinsamen Ziele des

Unternehmens. Eine offene und vertrauensvolle Unternehmenskultur zu schaffen, erfordert ein langfristiges Engagement und die Beteiligung aller Mitarbeiter und Führungskräfte.

Tipps für eine offene, vertrauensvolle Unternehmenskultur:

1. Schaffen Sie eine Kultur der offenen Kommunikation, in der Mitarbeiter ihre Meinungen, Ideen und Bedenken frei und ohne Konsequenzen äußern können. Regelmäßige Meetings, Feedbackrunden und offene Diskussionen sind dabei wichtig.
2. Seien Sie transparent in Entscheidungsprozessen und informieren Sie Mitarbeiter über Unternehmensziele, Pläne und Herausforderungen. Das schafft Vertrauen und ein Gefühl von Zusammengehörigkeit.
3. Fördern Sie eine Feedbackkultur, in der konstruktives Feedback gegeben und geschätzt wird. Loben Sie Erfolge und schaffen Sie ein Umfeld, in dem Fehler als Lernchancen betrachtet werden.
4. Führungskräfte sollten als Vorbilder für offene Kommunikation und Vertrauen agieren. Sie müssen Vertrauen aufbauen und zeigen, dass sie offen für Feedback und Veränderungen sind.
5. Beteiligen Sie Mitarbeiter an Entscheidungen und Projekten. Das stärkt ihr Verantwortungsgefühl und schafft ein Gefühl von Zugehörigkeit.
6. Bieten Sie Unterstützung bei Konflikten und Problemen. Fördern Sie eine Kultur, in der Konflikte konstruktiv und respektvoll gelöst werden.

7. Erkennen Sie die Leistungen und Beiträge aller Beteiligten an: Wertschätzung fördert das Vertrauen und Engagement der Mitarbeiter.
8. Schaffen Sie eine vielfältige und inklusive Unternehmenskultur, in der jeder Mitarbeiter wertgeschätzt wird, unabhängig von Geschlecht, Herkunft oder Hintergrund.
9. Bieten Sie Schulungen und Weiterbildungen zu Themen wie Kommunikation, Konfliktlösung und Führung an, um das Vertrauen und die Zusammenarbeit zu stärken.

Maßnahmen zur Förderung einer offenen und vertrauensvollen Unternehmenskultur:

1. Regelmäßige Mitarbeitermeetings und Town Halls abhalten, um Informationen auszutauschen und Fragen zu beantworten.
2. Offene-Tür-Politik der Führungsebene einführen, um Mitarbeitergespräche zu fördern.
3. Anonyme Mitarbeiterumfragen durchführen, um ehrliches Feedback zu erhalten.
4. Team-Events und Teambuilding-Maßnahmen organisieren, um das Vertrauen unter den Mitarbeitenden zu stärken.
5. Mitarbeitende in Entscheidungsprozesse einbeziehen und ihre Ideen berücksichtigen.
6. Einen internen Blog oder ein internes soziales Netzwerk schaffen, um den Austausch von Informationen und Ideen zu fördern.

7. Konfliktlösungstrainings und Mediation anbieten, um Mitarbeitende bei der Bewältigung von Konflikten zu unterstützen.
8. Anerkennungsprogramme einführen, um Mitarbeiterleistungen zu würdigen.
9. Mentoring-Programme etablieren, um den Wissensaustausch zwischen Mitarbeitenden zu fördern.
10. Regelmäßige Feedbackgespräche zwischen Mitarbeitenden und Führungskräften implementieren, um die Kommunikation zu verbessern.
11. Eine klare Unternehmensvision und gemeinsame Unternehmenswerte definieren und diese regelmäßig kommunizieren.
12. Regelmäßige Schulungen und Workshops zur Förderung von Kommunikationsfähigkeiten und emotionaler Intelligenz anbieten.

Beispiel GreenTech Solutions GmbH

Nehmen wir das Beispiel des familiengeführten Unternehmens GreenTech Solutions GmbH*. Der neue Chef, die nunmehr fünfte Generation, wollte seine Mitarbeitenden einbinden und ihnen die Freiheit geben, die Höhe des Weihnachtsgelds selbst auszuwählen: „Ich möchte, dass ihr Verantwortung übernehmt! Habt keine Scheu. Sucht aus, was ihr bekommen wollt. Aber bedenkt, dass zu viel unser Unternehmen in die Insolvenz führen kann und ihr dann euren Job verliert.“ Dies führte zu einer regelrechten Furcht in der Belegschaft. Alle sorgten sich

---

* Name des Unternehmens wurde geändert

davor, eine Entscheidung zu treffen, die das Unternehmen in die Insolvenz treiben könnte. Das Ergebnis war ein einheitlicher Ruf nach dem Chef, der traditionell alle Entscheidungen traf.

Sustainable Leadership

Zum Glück erkannte der Chef seinen Fehler und verstand, dass Sustainable Leadership bedeutet, Mitarbeitende langfristig darauf vorzubereiten, Verantwortung und Ressourcen aufzubauen. In einem längeren Prozess übertrug er seinen Mitarbeitenden immer mehr Verantwortung.

Er ließ sie auch dort Verantwortung tragen, wo er es besser gewusst hätte. Er agierte nicht als strikter Vorgesetzter, sondern eher wie ein Coach. Er leitete an, gab Tipps, stellte Fragen und unterstützte, wann immer nötig. Dieser Weg war zwar mühsam, aber am Ende äußerst erfolgreich. Die Mitarbeitenden fingen an, sich mehr zuzutrauen, wurden produktiver und trugen gerne Verantwortung. Dabei zeigten sich Talente, von denen zuvor niemand gedacht hätte, dass sie existieren. Gleichzeitig verbesserte sich die Unternehmenskultur spürbar. Es entstanden ein stärkeres Miteinander und eine größere Verbundenheit unter den Teammitgliedern. Jeder fühlte sich als Teil eines Ganzen, in dem man sich gemeinsam für den Erfolg des Unternehmens engagierte.

Nachhaltige Ziele

Heute setzt sich der Chef auch für Sustainable Leadership ein, indem er eine vielfältige, motivierte und befähigte Belegschaft fördert. Er strebt nach einer integrativen Unternehmenskultur und macht sich für Chancengleichheit und

Geschlechtergerechtigkeit stark. Das Unternehmen hat sich klare Ziele für 2030 gesetzt, um den Anteil weiblicher Mitarbeitender und Führungskräfte zu erhöhen. Mitarbeiterengagement wird durch regelmäßige Feedbackgespräche und Umfragen gefördert. Der Chef verfolgt das Ziel der fairen Bezahlung und arbeitet daran, ein gerechteres Lohnsystem einzuführen.

Konzepte zur Mitarbeiterzufriedenheit

Die Förderung der persönlichen und beruflichen Entwicklung ist ein weiterer Schlüsselaspekt. Durch gezielte Weiterbildungs- und Entwicklungsmöglichkeiten können Mitarbeiter ihr Potenzial entfalten und sich kontinuierlich verbessern. Dies führt nicht nur zu einer höheren Mitarbeiterzufriedenheit, sondern auch zu einer Steigerung der Leistungsfähigkeit des gesamten Teams.

Auch eine ausgewogene Work-Life-Balance ist von großer Bedeutung. Flexible Arbeitszeitmodelle, Homeoffice-Möglichkeiten und Unterstützung bei der Vereinbarkeit von Beruf und Familie tragen dazu bei, dass Mitarbeiter ihr Privatleben und ihre beruflichen Verpflichtungen in Einklang bringen können. Dies steigert nicht nur die Zufriedenheit, sondern auch die Motivation und Produktivität der Mitarbeiter.

Tipps für eine ausgewogene Work-Life-Balance:

1. Definieren Sie klare Arbeitszeiten und halten Sie sich daran. Vermeiden Sie es, Überstunden zur Regel werden zu lassen.

2. Identifizieren Sie die wichtigsten Aufgaben und erledigen Sie diese zuerst. Dadurch vermeiden Sie ein Gefühl der Überlastung.
3. Nehmen Sie sich regelmäßig kurze Pausen während der Arbeit, um den Geist zu entlasten und Energie aufzutanken.
4. Versuchen Sie, Arbeit und Freizeit räumlich und zeitlich voneinander zu trennen. Vermeiden Sie es, berufliche E-Mails oder Anrufe während der Freizeit zu beantworten.
5. Integrieren Sie Bewegung und Sport in Ihren Alltag. Sportliche Aktivitäten können Stress abbauen und die Energie steigern.
6. Verbringen Sie Zeit mit Familie und Freunden. Soziale Unterstützung trägt zum allgemeinen Wohlbefinden bei.
7. Finden Sie außerhalb der Arbeit Aktivitäten, die Ihnen Freude bereiten und Ihnen ermöglichen, abzuschalten.
8. Setzen Sie klare Grenzen und lernen Sie, auch mal Nein zu sagen, wenn Sie bereits ausgelastet sind.
9. Begrenzen Sie die Zeit, die Sie mit digitalen Geräten verbringen, und schaffen Sie digitale Pausen.
10. Nutzen Sie Ihren Urlaub und nehmen Sie sich regelmäßig Auszeiten, um neue Energie zu tanken und Stress abzubauen.

Offen kommunizieren

Ein weiterer Aspekt ist die transparente Kommunikation. Regelmäßige Feedbackgespräche, offene Kommunikationskanäle und die Einbindung der Mitarbeitenden in Entscheidungsprozesse schaffen Vertrauen und stärken das Engagement. Mitarbeitende sollten sich gehört und informiert fühlen, um das Gefühl zu haben, dass ihre Meinung und ihr Beitrag geschätzt werden.

Tipps fürs Feedbackgeben:

1. Geben Sie spezifisches Feedback und vermeiden Sie vage Aussagen.
2. Loben Sie gute Leistungen und Erfolge, um Motivation und Selbstvertrauen zu stärken.
3. Konzentrieren Sie sich auf das beobachtbare Verhalten und die Arbeitsergebnisse, nicht auf die Person selbst.
4. Feedback sollte zeitnah erfolgen und ehrlich und fair sein, ohne persönliche Angriffe.
5. Führen Sie Feedbackgespräche in einem vertraulichen und privaten Rahmen.
6. Hören Sie aufmerksam zu und zeigen Sie, dass Sie das Feedback des Empfängers verstehen.
7. Bieten Sie die Möglichkeit, Fragen zu stellen und Klärungen zu erhalten.
8. Feedback sollte nicht nur in formellen Gesprächen stattfinden, sondern auch regelmäßig im Arbeitsalltag eingebunden werden.

Lob und Anerkennung zollen

Nicht zuletzt spielt auch die Anerkennung eine entscheidende Rolle. Lob, Wertschätzung und Belohnung für gute Leistungen stärken das Selbstbewusstsein der Mitarbeitenden und motivieren zu weiterem Einsatz. Eine Kultur der Anerkennung fördert nicht nur die individuelle Entwicklung, sondern auch den Zusammenhalt im Team.

Tipps für eine Kultur der Anerkennung:

1. Loben Sie Mitarbeitende regelmäßig für Leistungen und Erfolge. Anerkennung sollte nicht nur auf außergewöhnliche Leistungen beschränkt sein, sondern auch für alltägliche Beiträge gegeben werden.
2. Geben Sie individuelles Feedback und betonen Sie die spezifischen positiven Aspekte der Arbeit jedes Mitarbeitenden.
3. Anerkennung vor anderen Kollegen oder in Team-Meetings kann die Wertschätzung verstärken und das Selbstbewusstsein der Mitarbeitenden stärken.
4. Führungskräfte sollten als Vorbilder dienen, indem sie aktiv Lob und Anerkennung zeigen.
5. Implementieren Sie Anerkennungsprogramme, in denen Mitarbeitende oder Teams ausgezeichnet werden, die sich besonders engagiert haben.
6. Bieten Sie Belohnungen, die den individuellen Präferenzen der Mitarbeitenden entsprechen, wie zum Beispiel zusätzlicher Urlaub, Weiterbildungsmöglichkeiten oder Gutscheine.
7. Schaffen Sie Möglichkeiten für Mitarbeitende, sich gegenseitig Anerkennung auszusprechen. Peer-to-Peer-Anerkennung kann besonders motivierend sein.
8. Feiern Sie Teamerfolge und Meilensteine mit gemeinsamen Veranstaltungen oder kleinen Festen.

9. Bereits kleine Gesten wie Dankeschön-Karten oder persönlich geschriebene Notizen können viel Wertschätzung zeigen.
10. Bitten Sie die Mitarbeitenden um Vorschläge für Anerkennungsmaßnahmen und berücksichtigen Sie ihre Ideen.

In einem wettbewerbsintensiven Arbeitsumfeld ist die Aufrechterhaltung hoher Arbeitgeberattraktivität für Unternehmen von entscheidender Bedeutung.

- Die Wahrnehmung von potenziellen Bewerbern, Kunden und Gesellschaft umfasst mehr als nur Produktleistungen. Ein positives Unternehmensimage, Transparenz, Work-Life-Balance und Entwicklungsmöglichkeiten spielen eine Schlüsselrolle in der Außenwirkung. So etablieren sich Unternehmen als starke Marke.
- Eine positive interne Wirkung beginnt mit einer offenen, vertrauensvollen Unternehmenskultur, die eine Basis für Produktivität und Innovation schafft.
- Der Weg zu mehr Verantwortung und Integration der Mitarbeitenden führte zu gesteigerter Produktivität, Verbundenheit und Entfaltung von bisher unerkannten Talenten.
- Weitere Aspekte der internen Wirkung sind die Förderung der persönlichen und beruflichen Entwicklung, die Schaffung einer ausgewogenen Work-Life-Balance, transparente Kommunikation und Anerkennung.
- Feedbackgespräche, individuelles Lob und belohnende Maßnahmen tragen zur individuellen Entwicklung und Teamstärkung bei.

Wie leiten Sie Ihre Mitarbeiter zu mehr Selbstverantwortung an?

Seite 35

Worauf kommt es bei nachhaltiger Führung an?

Seite 37

Welche Maßnahmen stärken Teams wirkungsvoll?

Seite 38

3. Besondere Anforderungen an Arbeitgeberattraktivität

In der heutigen Arbeitswelt müssen Arbeitgeber mehr bieten als nur einen Gehaltsscheck. Um talentierte Fachkräfte anzuziehen und langfristig zu binden, sind besondere Anforderungen an die Arbeitgeberattraktivität entstanden.

3.1 Self-Leadership

In einer zunehmend digitalisierten und flexiblen Arbeitswelt gewinnt Self-Leadership an Bedeutung. Arbeitnehmende müssen in der Lage sein, sich selbst zu führen und ihre Arbeit eigenverantwortlich zu organisieren. Arbeitgeber sollten daher ein Umfeld schaffen, das die Entwicklung von Self-Leadership fördert. Dies kann durch die Bereitstellung von Weiterbildungsmöglichkeiten, Coaching-Angeboten und Selbstreflexionsprozessen geschehen. Indem Arbeitnehmende befähigt werden, ihre eigenen Ziele zu setzen, Prioritäten zu definieren und ihre Arbeitszeit effektiv zu nutzen, steigert sich nicht nur ihre Leistungsfähigkeit, sondern auch ihre Zufriedenheit und Motivation.

Tipps für Mitarbeitende, um Self-Leadership aufzubauen und zu stärken:

1. Nehmen Sie sich Zeit für Selbstreflexion und Identifizierung Ihrer Ziele, Werte und Stärken. Das hilft Ihnen, Ihre Ziele klar zu definieren und Ihre berufliche Entwicklung zu planen.
2. Setzen Sie sich realistische Ziele und entwickeln Sie eine intrinsische Motivation, um diese zu erreichen. Belohnen Sie sich für erreichte Ziele, um die Motivation aufrechtzuerhalten.
3. Planen Sie Ihre Aufgaben und Prioritäten effizient. Erstellen Sie To-do-Listen oder nutzen Sie digitale Tools, um Ihren Arbeitsalltag besser zu strukturieren.
4. Übernehmen Sie Verantwortung für Ihr Handeln und die Ergebnisse. Vermeiden Sie es, andere für Misserfolge verantwortlich zu machen.
5. Entwickeln Sie Selbstvertrauen und stärken Sie Ihre Fähigkeiten, um Herausforderungen anzunehmen und zu bewältigen.

Tipps zum Umgang mit Hindernissen wie Bequemlichkeit oder fehlender Professionalität:

1. Reflektieren Sie, warum Sie in Bequemlichkeit verfallen oder professionelle Standards vernachlässigen. Identifizieren Sie mögliche Gründe und Wege, um diese Muster zu überwinden.
2. Setzen Sie sich klare Ziele und erinnern Sie sich daran, dass Bequemlichkeit oder Nachlässigkeit Ihre Ziele gefährden können.
3. Üben Sie Selbstkontrolle, um Versuchungen zu widerstehen und diszipliniert zu handeln.

4. Finden Sie Motivationsquellen, die Sie daran erinnern, warum Sie die Anstrengung aufbringen sollten, Ihre Professionalität zu wahren.
5. Suchen Sie bewusst nach Herausforderungen, um Ihre Fähigkeiten zu schärfen und sich zu verbessern.

In einer digitalisierten und flexiblen Arbeitswelt gewinnt Self-Leadership an Bedeutung. Arbeitnehmende müssen befähigt werden, sich selbst zu führen und ihre Arbeit eigenverantwortlich zu organisieren. Arbeitgeber sollten dafür das geeignete Umfeld schaffen und die Grundlagen dafür legen.

3.2 Nachhaltig führen

Nachhaltige Führung geht über ökologische Aspekte hinaus und bezieht sich auch auf soziale und ökonomische Faktoren. Arbeitgeber sollten eine Unternehmenskultur schaffen, die auf langfristigem Erfolg basiert und die Bedürfnisse der Mitarbeitenden, Kunden und der Gesellschaft insgesamt berücksichtigt. Dies beinhaltet beispielsweise faire Arbeitsbedingungen, eine ausgewogene Work-Life-Balance, Chancengleichheit und ein offenes Kommunikationsklima. Nachhaltiges Führen erfordert zudem einen verantwortungsvollen Umgang mit Ressourcen und die Integration von Umweltaspekten in die Unternehmensstrategie. Arbeitnehmende suchen zunehmend nach Arbeitgebern, die sich für Nachhaltigkeit engagieren und eine positive Wirkung auf die Welt haben.

Hier sind einige Tipps, um nachhaltig zu führen:

1. Schaffen Sie eine klare Vision und definieren Sie die Unternehmenswerte, die auf Nachhaltigkeit, sozialer Verantwortung und Umweltbewusstsein basieren.
2. Setzen Sie langfristige nachhaltige Ziele, die über finanzielle Kennzahlen hinausgehen und soziale und ökologische Aspekte berücksichtigen.
3. Integrieren Sie Nachhaltigkeit in die Unternehmenskultur und fördern Sie ein Bewusstsein dafür bei allen Mitarbeitenden.
4. Seien Sie transparent in Bezug auf die Nachhaltigkeitsleistung Ihres Unternehmens und kommunizieren Sie Fortschritte und Herausforderungen offen.
5. Binden Sie alle relevanten Interessengruppen wie Mitarbeitende, Kunden, Lieferanten und die Gemeinschaft in Ihre Nachhaltigkeitsbemühungen ein.

Nachhaltige Führung umfasst ökologische, soziale und ökonomische Aspekte. Arbeitgeber sollten eine langfristige, ganzheitliche Unternehmenskultur etablieren und diese transparent kommunizieren. Denn potenzielle Bewerber suchen zunehmend nach nachhaltig agierenden Arbeitgebern, deren Wirken positive globale Auswirkungen hat.

3.3 Teams stärken

Die Stärkung von Teams ist entscheidend für den Erfolg eines Unternehmens und die Attraktivität als Arbeitgeber.

Arbeitgeber sollten sicherstellen, dass Teams gut zusammengesetzt sind, indem sie die individuellen Fähigkeiten und Stärken der Mitarbeitenden berücksichtigen. Zudem ist es wichtig, ein Klima des Vertrauens und der Offenheit zu fördern, in dem Teammitglieder ihre Ideen und Meinungen frei äußern können. Regelmäßige Teambuilding-Aktivitäten und Teamworkshops können dazu beitragen, das Zusammengehörigkeitsgefühl zu stärken und die Zusammenarbeit zu verbessern. Arbeitgeber sollten auch Möglichkeiten zur individuellen Weiterentwicklung innerhalb des Teams bieten, um die Motivation und Bindung der Mitarbeitenden zu fördern. Durch eine starke Teamkultur können Arbeitgeberattraktivität und Leistungsfähigkeit gleichermaßen gesteigert werden.

Tipps, um Teams nachhaltig zu stärken:

1. Stellen Sie sicher, dass die Ziele des Teams klar definiert sind und jedes Teammitglied genau weiß, welche Rolle es dabei spielt.
2. Fördern Sie eine offene und transparente Kommunikation im Team, um Ideen, Meinungen und Bedenken frei auszutauschen.
3. Organisieren Sie regelmäßig Teambuilding-Aktivitäten, um das Vertrauen und die Zusammenarbeit innerhalb des Teams zu stärken.
4. Führen Sie Konfliktlösungsworkshops durch und helfen Sie dem Team, konstruktiv mit Konflikten umzugehen.
5. Fördern Sie ein Gefühl der gemeinsamen Verantwortung im Team, bei dem alle Mitglieder sich für den

Erfolg und Misserfolg gleichermaßen verantwortlich fühlen.

6. Fördern Sie ein Umfeld des Vertrauens, in dem Teammitglieder ihre Ideen und Meinungen frei äußern können, ohne Angst vor negativen Konsequenzen zu haben.
7. Setzen Sie nachhaltige Führungstipps aus den vorherigen Antworten um, um als Führungskraft eine nachhaltige Teamkultur zu unterstützen.

Beispiel: Zappos – Fokus auf Unternehmenskultur und Teamarbeit

Zappos, ein bekannter Online-Einzelhändler für Schuhe und Bekleidung, ist dafür bekannt, eine einzigartige und starke Unternehmenskultur zu pflegen. Das Unternehmen legt großen Wert auf Teamarbeit und hat innovative Ansätze entwickelt, um die Zusammenarbeit zu stärken. Zappos hat Teams in kleine Einheiten aufgeteilt, die autonom arbeiten können und eigenverantwortlich entscheiden. Diese Teams haben die Freiheit, ihre eigenen Entscheidungen zu treffen, um Kunden besser zu bedienen. Zappos zeigt, dass eine starke Unternehmenskultur und Teamarbeit entscheidend für den Erfolg eines Unternehmens sein können. Durch die Förderung von Teamautonomie und die Schaffung eines Umfelds, in dem Mitarbeiter Verantwortung übernehmen, können Unternehmen die Stärken ihrer Teams optimal nutzen.

Tipp zur Umsetzung

Teamautonomie fördern: Geben Sie Teams die Möglichkeit, ihre Arbeit eigenverantwortlich zu organisieren und Entscheidungen zu treffen. Dies fördert das Engagement und die Kreativität der Teammitglieder.

Die Anforderungen an Arbeitgeberattraktivität haben sich in der heutigen Arbeitswelt erheblich erweitert. Neben dem Gehalt sind besondere Faktoren entscheidend, um talentierte Fachkräfte anzuziehen und langfristig zu binden.

- In einer zunehmend digitalen und flexiblen Arbeitswelt gewinnt Self-Leadership an Bedeutung. Arbeitnehmer müssen die Fähigkeit entwickeln, sich selbst zu führen und ihre Arbeit eigenverantwortlich zu organisieren. Arbeitgeber sollten hierfür eine unterstützende Umgebung schaffen, indem sie Mitarbeiter befähigen, klare Ziele zu setzen, Prioritäten zu definieren und ihre Zeit effizient zu nutzen.
- Nachhaltige Führung geht über Umweltaspekte hinaus und bezieht sich auch auf soziale und ökonomische Nachhaltigkeit. Arbeitgeber sollten eine Unternehmenskultur etablieren, die auf langfristigem Erfolg basiert und die Bedürfnisse der Mitarbeiter, Kunden und Gesellschaft berücksichtigt. Nachhaltiges Führen erfordert zudem den verantwortungsbewussten Umgang mit Ressourcen und die Integration von Umweltaspekten in die Unternehmensstrategie.
- Die Stärkung von Teams ist entscheidend für den Unternehmenserfolg und die Attraktivität als Arbeitgeber. Teams sollten sorgfältig in Bezug auf individuelle Fähigkeiten und Stärken zusammengesetzt werden. Ein Klima von Vertrauen und Offenheit, Teambuilding-Aktivitäten und Workshops verbessern die Zusammenarbeit und stärken das Gemeinschaftsgefühl.

Was zeichnet ein umweltfreundliches Unternehmen aus?

Seite 44

Wie sollte ein attraktiver Arbeitsplatz gestaltet sein?

Seite 47

Warum ist Nachhaltigkeit ein Wettbewerbsvorteil?

Seite 49

4. Green Economy als Attraktivitätsfaktor

Green Economy ist mehr als nur ein Schlagwort. Sie hat sich zu einem maßgeblichen Attraktivitätsfaktor entwickelt, der Unternehmen und Regionen gleichermaßen beeinflusst. Durch den Fokus auf nachhaltige Praktiken und Umweltschutz zieht die grüne Wirtschaft zunehmend Investoren, Fachkräfte und innovative Köpfe an.

Unternehmen, die auf erneuerbare Energien, Ressourceneffizienz und Kreislaufwirtschaft setzen, sind nicht nur wirtschaftlich erfolgreich, sondern auch für zunehmend viele Kandidaten und Mitarbeitende attraktive Arbeitgeber. Sie bieten qualifizierten Fachkräften ansprechende Karrieremöglichkeiten und die Chance, einen positiven Einfluss auf die Umwelt auszuüben. Gleichzeitig eröffnet die Green Economy Regionen neue Chancen für Wachstum und Entwicklung, d. h. übertragen auf die Tätigkeit von Mitarbeitenden das Gefühl, etwas sichtbar verändern zu können. Städte und Länder, die sich als Vorreiter in Sachen Nachhaltigkeit positionieren, ziehen Investitionen an, steigern ihre Attraktivität als Reiseziele und fördern das lokale Unternehmertum.

Die Green Economy zeigt sich damit nicht nur als ein Weg zur Bewältigung der ökologischen Herausforderungen unserer Zeit. Sie stellt sich auch dar als ein wesentlicher Faktor, um Unternehmen und Regionen für die Zukunft zu stärken. Indem Green Economy Nachhaltigkeit, Innovation und Wirtschaftswachstum verbindet, bietet die grüne Wirtschaft allen Stakeholdern eine überzeugende Perspektive für eine nachhaltige und attraktive Zukunft.

4.1 Umweltfreundliche Unternehmen

Die Bezeichnung Green Economy ist nicht rechtlich definiert und kann von verschiedenen Unternehmen oder Organisationen unterschiedlich interpretiert werden. In der Regel bezieht sich der Begriff jedoch auf eine wirtschaftliche Entwicklung, die auf Nachhaltigkeit, Umweltschutz und soziale Verantwortung ausgerichtet ist.

> Ein gutes Beispiel liefert die Unternehmensgruppe Würth mit ihrer umfassenden Nachhaltigkeitsstrategie, die auf den Dimensionen Ökologie, Ökonomie und Soziales basiert. Quelle: https://www.wuerth.de/web/de/awkg/unternehmen/nachhaltigkeit_bei_wuerth/nachhaltigkeit_bei_wuerth.php

Damit sich ein Unternehmen als Teil der Green Economy bezeichnen kann und für Stakeholder glaubwürdig ist, sollte es folgende Kriterien erfüllen:

1. Das Unternehmen sollte Produkte oder Dienstleistungen anbieten, die umweltfreundlich und nachhaltig sind und einen positiven Beitrag zur Reduzierung des ökologischen Fußabdrucks leisten.
2. Das Unternehmen sollte strenge Umweltstandards einhalten und umweltfreundliche Praktiken in seinen Geschäftsprozessen anwenden.

3. Das Unternehmen sollte transparent über seine Nachhaltigkeitsleistung berichten und seine Fortschritte in Richtung Green Economy offenlegen.
4. Die Green Economy umfasst nicht nur den Umweltschutz, sondern auch soziale Aspekte. Das Unternehmen sollte sich für soziale Gerechtigkeit und verantwortungsvolles Handeln einsetzen.
5. Das Unternehmen sollte eine nachhaltige Lieferkette pflegen und mit Lieferanten zusammenarbeiten, die ebenfalls umweltfreundliche Praktiken verfolgen.

Tipps, um schneller attraktiv zu werden als Teil der Green Economy:

1. Kommunizieren Sie Ihre Nachhaltigkeitsbemühungen transparent und aktiv gegenüber Ihren Kunden und Stakeholdern.
2. Arbeiten Sie mit anderen nachhaltigen Unternehmen oder Organisationen zusammen, um gemeinsam eine größere Wirkung zu erzielen.
3. Erwägen Sie die Teilnahme an Nachhaltigkeitszertifizierungen oder das Anstreben von Auszeichnungen, um Ihre Glaubwürdigkeit zu stärken.
4. Setzen Sie sich kontinuierlich neue Ziele und verbessern Sie Ihre Nachhaltigkeitsleistung, um ein attraktiver Teil der Green Economy zu bleiben.

Erfolgsfaktor für junge Mitarbeitende

Ein umweltfreundliches Unternehmen zeichnet sich durch sein Engagement für Nachhaltigkeit und Ressourcenschonung aus. Indem es umweltfreundliche Praktiken in seine Geschäftsstrategie integriert, kann es nicht nur die Umweltbelastung reduzieren, sondern auch das Image als verantwortungsbewusster Arbeitgeber stärken. Mitarbeitende, insbesondere die jüngere Generation, sind zunehmend bestrebt, in Unternehmen zu arbeiten, die ihre Werte teilen und einen positiven Beitrag zur Umwelt leisten.

Die Zahlen sprechen eine deutliche Sprache:

1. Bei 39 Prozent der GenZ zählt gesellschaftliche Verantwortung zu einem der wichtigsten Kriterien bei der Arbeitgeberwahl.*
2. 38 Prozent der GenZ möchten für sozial oder ökologisch verantwortungsbewusste Unternehmen arbeiten**.

Die Bedeutung eines umweltfreundlichen Unternehmens liegt im Engagement für Nachhaltigkeit und Ressourcenschonung. Durch die Integration umweltfreundlicher Praktiken in die Geschäftsstrategie kann nicht nur die Umweltbelastung reduziert, sondern auch das Image als verantwortungsbewusster Arbeitgeber, insbesondere bei der GenZ, gestärkt werden.

---

* https://www.randstad.de/ueber-randstad/presse/personalmanagement/gehalt-verliert-relevanz-was-gen-z-vom-job-erwartet/

** https://www.wrike.com/de/blog/mitarbeitermotivation-babyboomer-x-millennials-generation-z/

4.2 Moderner, digitaler Arbeitsplatz

Die Green Economy geht Hand in Hand mit dem technologischen Fortschritt und der Digitalisierung – auch wenn sich das auf den ersten Blick wie ein Widerspruch anhört. Moderne, digitale Arbeitsplätze ermöglichen nicht nur eine effizientere Zusammenarbeit und Kommunikation, sondern tragen auch zur Reduzierung des ökologischen Fußabdrucks bei. Durch den Einsatz digitaler Tools und Technologien können Unternehmen ihren Papierverbrauch verringern, Energie sparen und Arbeitsprozesse optimieren. Ein solches Engagement für Innovation und Nachhaltigkeit zieht talentierte Fachkräfte an, die in einer zukunftsorientierten und umweltbewussten Umgebung arbeiten möchten.

Hier sind einige Merkmale, die einen modernen, digitalen Arbeitsplatz ausmachen:

1. Mitarbeitende haben Zugang zu modernen Geräten wie Laptops, Tablets und Smartphones, die eine nahtlose Verbindung zum Unternehmensnetzwerk und den digitalen Arbeitsplattformen ermöglichen.
2. Die Nutzung von Cloud-Diensten ermöglicht den einfachen Zugriff auf Daten und Anwendungen von überall und jederzeit.
3. Der Einsatz von kollaborativen Tools wie Videokonferenzsystemen, Chat-Anwendungen und Projektmanagement-Plattformen fördert die Zusammenarbeit zwischen den Mitarbeitern.

4. Ablage, Verwaltung und gemeinsame Bearbeitung von Dokumenten erfolgen digital, was die Papierflut reduziert und die Effizienz steigert.
5. Die Automatisierung von wiederkehrenden Aufgaben und Prozessen entlastet die Mitarbeiter und ermöglicht eine schnellere Bearbeitung von Arbeitsabläufen.
6. Es werden moderne Sicherheitsmaßnahmen eingesetzt, um die Vertraulichkeit und Integrität der Daten zu gewährleisten.
7. Unternehmen bieten oft eigene mobile Apps an, die den Mitarbeitern den Zugriff auf wichtige Informationen und Ressourcen erleichtern.
8. Neue Mitarbeiter können ihren Einstieg in das Unternehmen digital und effizient gestalten.
9. Digitale Plattformen ermöglichen die Weiterbildung der Mitarbeiter durch E-Learning-Module und Schulungen.
10. Die Förderung einer Innovationskultur unterstützt den Einsatz neuer Technologien und Ideen, um kontinuierlich Verbesserungen zu erreichen.

Unternehmensbeispiel Vitra
Das Unternehmen Vitra hat sich darauf spezialisiert, moderne, digitale und zukunftsfähige Arbeitsplätze zu gestalten. Durch maßgeschneiderte Lösungen, die auf die Produktivität und Bedürfnisse der Mitarbeiter ausgerichtet sind, strebt Vitra nach verbesserten Arbeitsergebnissen in der gesamten Organisation. Mit langjähriger Erfahrung in der Gestaltung von Interieurs weltweit steht Vitra für hochwertige und effiziente Arbeitsumgebungen.
https://www.vitra.com/de-de/office

Die Verschmelzung von Green Economy, technologischem Fortschritt und Digitalisierung prägt den modernen Arbeitsplatz. Dieser ermöglicht nicht nur effiziente Zusammenarbeit und Kommunikation, sondern trägt auch zur ökologischen Nachhaltigkeit bei. Ein Fokus auf Innovation und Nachhaltigkeit zieht talentierte Fachkräfte an, die in einer zukunftsorientierten und umweltbewussten Umgebung arbeiten möchten.

4.3 Werbung und Wettbewerb

Eine ehrliche und transparente Werbung ist ein weiterer entscheidender Faktor, um die Green Economy als Attraktivitätsfaktor zu nutzen. Unternehmen, die ihre umweltfreundlichen Maßnahmen und Nachhaltigkeitsziele offen kommunizieren, können das Vertrauen der Verbraucher gewinnen. Potenzielle Mitarbeiter sind häufig daran interessiert, in Unternehmen zu arbeiten, die nicht nur behaupten, umweltfreundlich zu sein, sondern dies auch nachweislich umsetzen. Eine glaubwürdige und authentische Kommunikation schafft eine positive Unternehmensreputation und macht es attraktiver, für solch ein Unternehmen zu arbeiten.

53 % der grünen Angaben geben vage, irreführende oder unbegründete Informationen

40 % der Behauptungen haben keine Belege

Die Hälfte aller grünen Etiketten bietet eine schwache oder nicht vorhandene Überprüfung

In der EU gibt es 230 Nachhaltigkeitskennzeichnungen und 100 grüne Energieetiketten mit sehr unterschiedlichen Transparenzgraden.

Abb. 1: Entwurf der Green Claims Directive: Anforderungen an die Nachhaltigkeitskommunikation
Quelle: https://environment.ec.europa.eu/topics/circular-economy/green-claims_de

Anforderungen an die Kommunikation von Umwelt- und Nachhaltigkeitsaussagen

Die Aussage

- ... muss auf verlässlichen wissenschaftlichen Erkenntnissen basieren.
- ... darf nicht irreführend oder unklar und muss dem Kontext angemessen sein.
- ... muss im Einklang mit den allgemeinen Zielen der Umweltpolitik der EU stehen.
- ... darf nicht gegen geltendes Recht oder andere rechtliche Bestimmungen verstoßen.

Ziele der Green Claims Directive

- Umweltfreundliche Behauptungen in der gesamten EU zuverlässig, vergleichbar und überprüfbar machen
- Verbraucher vor Greenwashing schützen
- Beitrag zur Schaffung einer kreislauforientierten und grünen EU-Wirtschaft, Verbraucherunterstützung für fundierte Kaufentscheidungen

- Schaffung gleicher Wettbewerbsbedingungen in Bezug auf die Umweltverträglichkeit von Produkten

Fairen Wettbewerb initiieren

Die Green Economy fördert einen fairen Wettbewerb, bei dem Unternehmen nicht nur um Marktanteile und Gewinne konkurrieren, sondern auch um ökologische und soziale Verantwortung. Unternehmen, die nachhaltige Praktiken umsetzen, steigern ihre Wettbewerbsfähigkeit, indem sie Kunden und Mitarbeitende ansprechen, die umweltfreundliche Lösungen suchen. Dieser Wettbewerbsvorteil kann dazu führen, dass talentierte Fachkräfte eher bereit sind, für ein Unternehmen zu arbeiten, das einen Beitrag zur Green Economy leistet.

Engagement vor Ort

Zusätzlich bietet die Green Economy Unternehmen die Möglichkeit, sich regional zu engagieren und positive Veränderungen in ihrer Umgebung zu bewirken. Durch die Unterstützung von regionalen Initiativen und Projekten können Unternehmen ihre Verbundenheit mit der Gemeinschaft zeigen und ihr Engagement für Umweltschutz und Nachhaltigkeit demonstrieren. Dieses regionale Engagement macht das Unternehmen attraktiver für potenzielle Mitarbeitende, die nach einer sinnvollen beruflichen Tätigkeit suchen, welche einen positiven Einfluss auf ihre direkte Umgebung hat.

Beispiel 1: Patagonia – Nachhaltigkeit als Kernwert

Patagonia, ein Unternehmen für Outdoor-Bekleidung und Ausrüstung, hat Nachhaltigkeit zu einem Kernwert gemacht.

Das Unternehmen verfolgt ehrgeizige Ziele, um seine Umweltauswirkungen zu minimieren, darunter die Verpflichtung, bis 2025 100 Prozent der verwendeten Materialien umweltfreundlich herzustellen. Im Zuge des „Worn Wear"-Programms können Kunden gebrauchte Produkte zurückgeben, die dann repariert und wieder verkauft werden. Das Unternehmen ermutigt seine Mitarbeiter dazu, aktiv an Umweltschutzprojekten teilzunehmen, und bietet bezahlte Freistellung für gemeinnützige Arbeit.

Beispiel 2: Tesla – Innovation und Nachhaltigkeit in der Automobilindustrie

Der Elektrofahrzeug-Hersteller Tesla hat sich das Ziel gesetzt, die Welt in Richtung nachhaltige Mobilität zu verändern. Das Unternehmen investiert massiv in die Entwicklung von Elektrofahrzeugen und erneuerbare Energien. Tesla-Mitarbeiter sind oft inspiriert von der Vision, die Umweltbelastung zu reduzieren und den Übergang zu sauberer Energie voranzutreiben. Tesla fördert die berufliche Entwicklung seiner Mitarbeiter und bietet ihnen die Möglichkeit, an wegweisenden Projekten zur Nachhaltigkeit und zur Umweltverbesserung teilzunehmen.

Diese Beispiele zeigen, wie Unternehmen, die Nachhaltigkeit und Umweltschutz in den Mittelpunkt ihrer Geschäftsstrategie stellen, besonders attraktiv für Arbeitnehmer werden. Die Förderung von Umweltinitiativen, das Engagement der Mitarbeiter für nachhaltige Ziele und die Möglichkeit zur persönlichen und beruflichen Entwicklung in diesen Unternehmen machen sie zu begehrten Arbeitgebern für Menschen, die sich aktiv für Umweltschutz und Nachhaltigkeit einsetzen möchten.

Die Green Economy hat sich zu einem bedeutsamen Attraktivitätsfaktor für Unternehmen und Regionen entwickelt. Durch ihren Fokus auf Nachhaltigkeit und Umweltschutz zieht sie Investoren, Fachkräfte und innovative Köpfe an.

- Unternehmen, die sich auf erneuerbare Energien, Ressourceneffizienz und Kreislaufwirtschaft konzentrieren, werden nicht nur wirtschaftlich erfolgreich sein, sondern sind auch für Bewerber und Mitarbeiter äußerst attraktiv.
- Zudem eröffnet die Green Economy Regionen neue Chancen für Wachstum und Entwicklung, indem sie Mitarbeitenden das Gefühl gibt, tatsächlich etwas in ihrer Umwelt verändern zu können.
- Ein innovativer Arbeitsplatz ermöglicht nicht nur eine effizientere Zusammenarbeit, sondern trägt auch zur ökologischen Nachhaltigkeit bei.
- Transparente Werbung ist ein entscheidender Faktor, um die Green Economy als Attraktivitätsfaktor zu nutzen. Unternehmen, die ihre umweltfreundlichen Maßnahmen und Nachhaltigkeitsziele offen kommunizieren, gewinnen das Vertrauen der Verbraucher und potenzieller Mitarbeiter.
- Die Green Economy fördert einen fairen Wettbewerb im Umfeld, der nicht nur auf Marktanteile und Gewinne abzielt, sondern auch auf ökologische und soziale Verantwortung.
- Zudem bietet die Green Economy Unternehmen die Möglichkeit, sich regional zu engagieren und positive Veränderungen in ihrer Umgebung zu bewirken.

5. Soziale Nachhaltigkeit

Soziale Nachhaltigkeit spielt eine zentrale Rolle in einer verantwortungsvollen Unternehmensführung. Indem Unternehmen auf soziale Aspekte wie faire Bezahlung, Vielfalt und die Vereinbarkeit von Beruf und Familie achten, tragen sie zur Schaffung einer gerechteren und inklusiveren Gesellschaft bei.

5.1 Faire Bezahlung und gerechte Wertschöpfung

In einer nachhaltigen Gesellschaft sollte die Bezahlung der Arbeitnehmer fair und gerecht sein. Dies bedeutet, dass die Löhne und Gehälter den Leistungen und Verantwortlichkeiten angemessen sein sollten, unabhängig von Geschlecht, Alter oder ethnischer Zugehörigkeit. Unternehmen sollten stets sicherstellen, dass sie transparente Gehaltsstrukturen haben, und Diskriminierung bei der Bezahlung aktiv verhindern.

☞ **Tipp:** Achten Sie darauf, dass Ihre Mitarbeitenden gerecht entlohnt werden. Überprüfen Sie regelmäßig die Löhne und Vergütungssysteme, um sicherzustellen, dass sie angemessen sind und den branchenüblichen Standards entsprechen.

Equal Pay Day

In der EU 27 waren die durchschnittlichen Bruttostundenverdienste männlicher Arbeitnehmer im Jahr 2021 um 12,7 Prozent höher als die der Frauen. Diese geschlechtsspezifische Lohnlücke entspricht einem Unterschied von rund anderthalb Monatsgehältern pro Jahr. Der Tag im Jahr, an dem Frauen symbolisch im Durchschnitt aufhören, im Vergleich zu Männern bezahlt zu werden, wird Equal Pay Day genannt. Die Europäische Kommission markiert diesen Tag jedes Jahr, um weiterhin auf die Tatsache aufmerksam zu machen, dass weibliche Arbeitnehmer in Europa immer noch im Durchschnitt weniger verdienen als ihre männlichen Kollegen.

Zahlen zum Gender Pay Gap:

- Gender Pay Gap von 30 Prozent in Kunst und Kultur im Jahr 2021
- Gesamtgesellschaftlicher Lohnunterschied von durchschnittlich 18 Prozent
- Aktueller Gender Pay Gap von 20 Prozent in Kunst und Kultur für 2022*

SDG 5: Geschlechtergleichheit

SDG 5 hat das Ziel, Geschlechterdiskriminierung und Ungleichheit zu bekämpfen und Frauen und Mädchen gleiche Rechte, Chancen und Zugang zu Ressourcen zu gewähren. Es strebt die Beseitigung von Gewalt gegen Frauen und

---

* https://www.equalpayday.de

Mädchen, die Förderung der Frauenbeteiligung in Entscheidungsprozessen, den gleichberechtigten Zugang zu Bildung und Gesundheitsversorgung sowie die Gleichstellung der Geschlechter im Arbeitsmarkt an.

Zahlen zu SDG 5:

- Mindestens 20 Millionen Mädchen und Frauen sind von weiblicher Genitalverstümmelung betroffen.
- Eine von fünf jungen Frauen war 2022 bei ihrer Heirat noch minderjährig.
- 140 Jahre wird es bei derzeitigem Tempo dauern, bis Frauen in Macht- und Führungspositionen am Arbeitsplatz gleichberechtigt vertreten sind.
- In 65 von 119 ausgewerteten Ländern fehlten 2022 Gesetze, welche die direkte und indirekte Diskriminierung von Frauen verbieten.
- 172 Billionen US-Dollar Unterschied im erwarteten Lebenseinkommen zwischen Frauen und Männern.
- 14 Prozent der Landbesitzenden sind Frauen, die aber 43 Prozent der landwirtschaftlichen Arbeitskraft stellen.*

Faire Bedingungen in der Lieferkette

Soziale Nachhaltigkeit erfordert auch eine gerechte Verteilung der Wertschöpfung entlang der Lieferkette. Unternehmen sollten sicherstellen, dass ihre Geschäftspraktiken fair sind und dass alle beteiligten Parteien gerecht entlohnt werden. Dies schließt faire Handelsbeziehungen, angemes-

* https://www.bmz.de/de/agenda-2030/sdg-5

sene Vertragsbedingungen und den Schutz der Rechte von Arbeitern und Landwirten ein.

☞ **Tipp:** Stellen Sie sicher, dass alle Akteure entlang der Wertschöpfungskette fair behandelt werden. Achten Sie darauf, dass Lieferanten angemessene Preise erhalten und faire Handelspraktiken eingehalten werden.

In einer nachhaltigen Gesellschaft ist gerechte Entlohnung für Arbeitnehmende essenziell, unabhängig von Geschlecht, Alter oder ethnischer Zugehörigkeit. Unternehmen sollen transparente Gehaltsstrukturen aufrechterhalten und Diskriminierung bei der Bezahlung verhindern. Unternehmen sollten auch sicherstellen, dass entlang der gesamten Lieferkette faire Handelsbeziehungen sowie angemessene Vertragsbedingungen herrschen.

5.2 Arbeitssicherheit und Gesundheitsförderung

Sicherheit ist essenziell

Die Sicherheit am Arbeitsplatz ist ein wesentlicher Aspekt der sozialen Nachhaltigkeit. Unternehmen sollten sichere Arbeitsbedingungen gewährleisten und Maßnahmen ergreifen, um Unfälle und Verletzungen zu vermeiden. Dazu gehören angemessene Schulungen, die Bereitstellung geeigneter Schutzausrüstung und regelmäßige Überprüfungen der Arbeitsumgebung.

☞ **Tipp:** Schaffen Sie eine sichere Arbeitsumgebung, indem Sie Risiken minimieren und sicherheitsrelevante Vorschriften und Standards einhalten. Bieten Sie Schulungen und regelmäßige Überprüfungen an, um die Gesundheit und Sicherheit Ihrer Mitarbeitenden zu gewährleisten.

Von da aus sollten Unternehmen den Weg zum BGM finden – das Betriebliche Gesundheitsmanagement schließt die gesetzlichen Vorgaben ein, geht aber noch viele Schritte weiter und begreift Arbeitssicherheit als Teil des Wohlbefindens und des präventiven Ansatzes, wodurch sich Mitarbeitende in ihrer Arbeit wertgeschätzt fühlen, entfalten können, mit ihren Ressourcen so umgehen, dass sie diese nachhaltig einsetzen zum Wohle aller Beteiligten.

Betriebliches Gesundheitsmanagement (BGM)
Das BGM ist ein ganzheitlicher Ansatz, der darauf abzielt, die Gesundheit, das Wohlbefinden und die Leistungsfähigkeit der Mitarbeitenden in einem Unternehmen zu fördern. Es umfasst verschiedene Maßnahmen und Aktivitäten, die darauf abzielen, gesundheitliche Risiken zu reduzieren, die Arbeitsbedingungen zu verbessern und die Mitarbeiter in ihrer Gesundheitsforderung zu unterstützen.

Die Inhalte des BGM können vielfältig sein und umfassen unter anderem:

1. Angebote zur Förderung einer gesunden Lebensweise, wie z. B. Bewegungsprogramme, Ernährungsberatung, Stressmanagement und Raucherentwöhnung.

2. Verbesserung der Arbeitsbedingungen und Arbeitsplatzgestaltung, um körperliche Belastungen zu reduzieren.
3. Maßnahmen zur Förderung der mentalen Gesundheit, wie z. B. Workshops zum Umgang mit Stress oder Konflikten.
4. Förderung von sportlichen Aktivitäten und Teambuilding-Aktivitäten.
5. Angebote zur Früherkennung von gesundheitlichen Problemen, wie z. B. Gesundheitschecks oder Impfungen.

Prävention statt Reaktion

Der präventive Ansatz ist ein zentraler Bestandteil des BGM. Anstatt nur auf Krankheitsbehandlungen zu reagieren, liegt der Fokus darauf, gesundheitliche Probleme frühzeitig zu erkennen und zu verhindern. Durch präventive Maßnahmen können Arbeitsunfähigkeiten reduziert und die Produktivität gesteigert werden. Die Einbeziehung der Mitarbeiter von Beginn an ist entscheidend für den Erfolg des BGM.

Tipps, wie Unternehmen das BGM gewinnbringend umsetzen können:

1. Führen Sie eine Bedarfsanalyse durch, um die Gesundheitsbedürfnisse und -interessen der Mitarbeitenden zu ermitteln.
2. Beteiligen Sie die Mitarbeitenden aktiv bei der Planung und Umsetzung von BGM-Maßnahmen, um ihre Bedürfnisse zu berücksichtigen und ihre Motivation zu steigern.
3. Kommunizieren Sie offen über geplante Maßnahmen des BGM, um das Bewusstsein und die Akzeptanz bei den Mitarbeitenden zu erhöhen.

4. Entwickeln Sie bedarfsgerechte BGM-Angebote, die auf die individuellen Bedürfnisse der Mitarbeitenden zugeschnitten sind.
5. Sammeln Sie regelmäßig Feedback von den Mitarbeitenden und evaluieren Sie die Wirksamkeit der BGM-Maßnahmen, um kontinuierliche Verbesserungen vorzunehmen.

☞ **Tipp:** Unterstützen Sie die Gesundheit und das Wohlbefinden Ihrer Mitarbeitenden. Bieten Sie Programme zur Förderung von körperlicher und geistiger Gesundheit an, wie z. B. Fitnessangebote, Stressbewältigung oder Zugang zu Gesundheitsvorsorge.

Die Förderung der Mitarbeitendengesundheit ist ein zentraler Aspekt der sozialen Nachhaltigkeit. Unternehmen sollten Programme zur physischen und psychischen Gesundheitsförderung entwickeln. Betriebliches Gesundheitsmanagement (BGM) verfolgt einen ganzheitlichen Ansatz, um Gesundheit, Wohlbefinden und Leistungsfähigkeit der Mitarbeiter zu fördern und Krankheiten dadurch vorzubeugen.

5.3 Gesellschaftlichen Veränderungen adäquat begegnen

In der heutigen globalisierten Welt, geprägt von unterschiedlichen Lebensstilen, Glaubensrichtungen, Herkünften und Altersgruppen, gewinnt die Förderung einer Kultur der Vielfalt zunehmend an Bedeutung. Unternehmen sehen sich mit einer vielfältigen Belegschaft konfrontiert, die eine breite Palette von Perspektiven und Erfahrungen mit sich bringt. Die demografische Vielfalt einer Organisation spiegelt die unterschiedlichen Altersgruppen, Geschlechter, ethnischen Hintergründe und Lebensstile wider, die in der Belegschaft vertreten sind.

Vielfalt als Vorteil nutzen
Eine Kultur der Vielfalt und Inklusion bringt zahlreiche Vorteile mit sich. Sie fördert Innovation durch den Austausch unterschiedlicher Ideen und Blickwinkel. Mitarbeiter fühlen sich in einer inklusiven Umgebung wertgeschätzt und akzeptiert, was die Mitarbeiterbindung und -zufriedenheit steigert. Die Vielfalt der Belegschaft kann dazu beitragen, eine breitere Kundengruppe anzusprechen und das Potenzial für kreative Problemlösungen zu erhöhen. Unternehmen, die Vielfalt fördern, sind oft besser in der Lage, sich den sich wandelnden Marktbedingungen anzupassen und globale Märkte zu bedienen.

Inklusion bewusst steuern
Die Schaffung einer inklusiven Kultur erfordert bewusste Anstrengungen seitens des Managements. Unternehmen sollten klare Richtlinien gegen Diskriminierung und Vorurteile etablieren und sicherstellen, dass alle Mitarbeiter Zugang zu denselben Chancen haben. Schulungen und Sensibilisierungsprogramme können dazu beitragen, Vorurteile abzubauen und das Verständnis für Vielfalt zu fördern. Die Förderung von Mitarbeiterressourcengruppen,

die auf unterschiedliche Aspekte der Vielfalt eingehen, kann ein wirksames Instrument sein, um die Beteiligung und das Engagement der Mitarbeiter zu stärken.

☞ **Tipp:** Schaffen Sie eine inklusive Unternehmenskultur, die Vielfalt und Chancengleichheit fördert. Wertvolle Perspektiven und unterschiedliche Hintergründe können Innovation und Kreativität hervorbringen. Fördern Sie den respektvollen Umgang mit unterschiedlichen Meinungen und schaffen Sie Raum für Vielfalt.

Vielfalt als Teil der Unternehmensstrategie

Die demografische Vielfalt der Belegschaft sollte in die langfristige Unternehmensstrategie integriert werden. Dies umfasst die Anpassung von Personalpraktiken, um die Bedürfnisse verschiedener Altersgruppen zu berücksichtigen, sowie die Schaffung von flexiblen Arbeitsmodellen. Unternehmen können auch von der Zusammenarbeit zwischen verschiedenen Generationen profitieren, indem sie Mentoring-Programme und Wissensaustausch fördern.

☞ **Tipp:** Berücksichtigen Sie die demografische Vielfalt in Ihrer Belegschaft. Achten Sie darauf, dass alle Generationen gleiche Chancen haben, und schaffen Sie eine Arbeitsumgebung, die auf die Bedürfnisse aller Altersgruppen eingeht.

Zeit für Familie und Beruf

In einer Zeit, in der traditionelle Rollenbilder zunehmend aufbrechen, gewinnt die Vereinbarkeit von Familie und

Beruf immer mehr an Bedeutung. Unternehmen erkennen, dass zufriedene Mitarbeiter, die in der Lage sind, ihre familiären Verpflichtungen mit ihrer beruflichen Tätigkeit zu vereinbaren, produktiver und engagierter sind.

Ansätze wie

- flexible Arbeitszeitmodelle,
- Teilzeitarbeit,
- Homeoffice-Optionen und
- Elternzeitprogramme

sind nur einige Modelle, die Unternehmen nutzen können, um die Familien-Berufs-Balance zu fördern.

☞ **Tipp:** Mit flexiblen Arbeitszeiten, Elternzeit und Hilfe bei der Kinderbetreuung unterstützen Sie Ihre Mitarbeitenden dabei, Familie und Beruf in Einklang zu bringen.

Weiterbildung ermöglichen

Angesichts des ständigen Wandels in der Arbeitswelt ist kontinuierliche Weiterbildung zu einer Notwendigkeit geworden. Technologische Entwicklungen, neue Arbeitsmethoden und sich verändernde Marktanforderungen machen es nötig, dass Arbeitnehmer ihre Fähigkeiten und Kenntnisse ständig erweitern.

☞ **Tipp:** Fördern Sie kontinuierliche Weiterbildung und berufliche Entwicklung. Bieten Sie Schulungen und Programme an, um die Fähigkeiten und Kompetenzen Ihrer Mitarbeitenden zu stärken und ihnen neue Karrieremöglichkeiten zu eröffnen.

Soziale Nachhaltigkeit in der Unternehmensführung hat nicht nur eine wichtige Funktion im Hinblick auf die Schaffung einer gerechteren, inklusiveren Gesellschaft, sie wirkt sich auch als bedeutender Wettbewerbsvorteil bei der Gewinnung von Mitarbeitenden aus.

- Die Bedeutung fairer Entlohnung für Arbeitnehmer, transparente Gehaltsstrukturen und die Vermeidung von Diskriminierung bei der Bezahlung sind wichtige Aspekte. Trotz erkennbarer Fortschritte bleibt der Gender Pay Gap aber eine Herausforderung.
- Unternehmen müssen sich für eine faire Verteilung der Wertschöpfung in der Lieferkette einsetzen und für sichere Arbeitsbedingungen sorgen.
- Betriebliches Gesundheitsmanagement ist ein wichtiger Ansatz für die Sicherheit am Arbeitsplatz, dient der Steigerung des Wohlbefindens der Mitarbeiter und hat sich als präventives Konzept zur Steigerung der Gesundheit und Leistungsfähigkeit bewährt.
- Die Bedeutung einer inklusiven Unternehmenskultur wächst hinsichtlich einer immer diverseren Gesellschaft. Führungskräfte sollten gezielte Anstrengungen unternehmen, um Vielfalt zu unterstützen und zu fördern.
- Auch die Vereinbarkeit von Familie und Beruf sowie das Angebot einer kontinuierlichen Weiterbildung gehören zu einem modernen, attraktiven Arbeitsplatz unbedingt dazu, um den verschiedenen Lebensbereichen der Mitarbeitenden gerecht zu werden.

6. Besondere Herausforderungen

Dieses Kapitel beleuchtet spezifische Aspekte und Ansätze, die Unternehmen nutzen können, um ihre Attraktivität als Arbeitgeber zu steigern. In diesem Abschnitt werden besondere Situationen und Herausforderungen betrachtet, die eine einzigartige Herangehensweise erfordern, sei es bei der Anziehung von Fachkräften in Nischenbranchen, der Integration von Diversity & Inclusion, der Schaffung von remotefreundlichen Arbeitsumgebungen oder der Positionierung als sozial verantwortliches Unternehmen. Die Vielfalt der Ansätze unterstreicht die Notwendigkeit, auf individuelle Bedürfnisse einzugehen, um in der heutigen Arbeitswelt erfolgreich zu sein.

6.1 Hidden Champions

In der Geschäftswelt gibt es Unternehmen, die zwar nicht im grellen Rampenlicht der öffentlichen Aufmerksamkeit stehen, jedoch in ihrer Branche und auf globaler Ebene beeindruckende Erfolge erzielen. Diese Unternehmen, oft auch „Hidden Champions" genannt, zeichnen sich durch ihre Expertise, Innovationskraft und ihre besondere Nische aus, in der sie agieren. Obwohl sie nicht die gleiche Bekanntheit wie große Konzerne haben, haben Hidden Champions dennoch einen bedeutenden Einfluss auf die Wirtschaft, die Arbeitswelt und die Entwicklung ihrer Branche.

Einzigartigkeit als Vorteil

Hidden Champions mögen zwar im Schatten der großen Konzerne stehen, aber ihre Auswirkungen auf den Arbeitsmarkt sind keineswegs gering. Diese besonderen Unternehmen spielen eine wesentliche Rolle bei der Schaffung von Arbeitsplätzen, der Förderung von Innovationen und der Stärkung der Wirtschaft. Ihre Einzigartigkeit und Spezialisierung machen sie zu wichtigen Akteuren im globalen Wettbewerb:

1. Hidden Champions sind oft als Experten in Nischenmärkten tätig. Dies ermöglicht es ihnen, hoch spezialisierte Arbeitsplätze zu schaffen, die auf spezifisches Know-how und technisches Können angewiesen sind. Diese Unternehmen sind oft wichtige Arbeitgeber in ihren Regionen und tragen zur Stärkung der lokalen Wirtschaft bei.
2. Hidden Champions sind in der Regel Pioniere in ihren Nischen. Sie treiben Innovationen voran, entwickeln einzigartige Produkte und Technologien, und ihre Arbeit beeinflusst oft ganze Branchen. Dies schafft Möglichkeiten für Fachkräfte, in kreativen und herausfordernden Umgebungen zu arbeiten.
3. Aufgrund ihrer Spezialisierung und Fokussierung auf Qualität bieten Hidden Champions oft attraktive Arbeitsbedingungen. Sie schaffen Arbeitsumgebungen, in denen Fachkräfte ihre Fähigkeiten entwickeln und anwenden können, während sie gleichzeitig an anspruchsvollen Projekten arbeiten.
4. Hidden Champions sind darauf angewiesen, hoch qualifizierte Mitarbeiter zu gewinnen und zu halten. Daher investieren sie in die Weiterbildung und Entwicklung

ihrer Belegschaft, um sicherzustellen, dass sie in ihrem Bereich führend bleiben.

5. Auch wenn sie im eigenen Land möglicherweise nicht so bekannt sind, sind Hidden Champions oft auf globaler Ebene aktiv. Dies eröffnet Fachkräften die Möglichkeit, internationale Erfahrungen zu sammeln und in internationalen Teams zu arbeiten.

Hidden Champions tragen dazu bei, Vielfalt und Dynamik in die Wirtschaft und den Arbeitsmarkt zu bringen. Sie bieten anspruchsvolle Arbeitsmöglichkeiten in hoch spezialisierten Bereichen und fördern Innovationen, die weit über ihre Nischen hinausgehen. Daher ist ihre Bedeutung für den Arbeitsmarkt nicht zu unterschätzen.

Strategische Vorteile

Um als Hidden Champion erfolgreich zu sein, gibt es einige strategische Ansätze, die Sie in Betracht ziehen können. Hier sind einige Tipps, um ein Hidden Champion zu werden:

1. Statt in überfüllten Märkten zu konkurrieren, wählen Sie einen spezialisierten Nischenmarkt aus, in dem Sie sich durch Expertise und Innovation auszeichnen können.
2. Investieren Sie kontinuierlich in Forschung und Entwicklung, um innovative Produkte und Lösungen zu entwickeln, die sich von denen Ihrer Wettbewerber abheben.
3. Bauen Sie enge Beziehungen zu Ihren Kunden auf, um ihre Bedürfnisse zu verstehen und maßgeschneiderte Lösungen anzubieten. Kundenzufriedenheit und -bindung sind entscheidend.

4. Nutzen Sie das Potenzial des Internets und der sozialen Medien, um Ihre Produkte und Dienstleistungen einem breiteren Publikum bekannt zu machen. Investieren Sie in eine starke Online-Präsenz und gezieltes Online-Marketing.
5. Suchen Sie nach strategischen Partnerschaften und Kooperationen, um Ihre Reichweite zu vergrößern und Synergien zu nutzen.
6. Nehmen Sie an relevanten Branchenveranstaltungen teil, um Ihr Fachwissen zu zeigen und Beziehungen zu anderen Unternehmen und Experten aufzubauen.
7. Bewerben Sie sich um Branchenauszeichnungen und Awards, um Ihre Anerkennung in der Branche zu steigern.
8. Präsentieren Sie erfolgreiche Projekte und zufriedene Kunden, um potenziellen Kunden und Investoren zu zeigen, was Sie erreichen können.
9. Investieren Sie in die Weiterbildung und Entwicklung Ihrer Mitarbeiter, um ein hoch qualifiziertes Team aufzubauen, das zu Innovation und Wachstum beiträgt.
10. Denken Sie langfristig und behalten Sie Ihre Ziele und Werte im Blick. Kontinuität und nachhaltiges Wachstum sind Schlüssel für den Hidden-Champion-Status.

Hidden Champions sind Unternehmen, die im Rampenlicht der Öffentlichkeit oft unsichtbar bleiben, in ihrer Branche jedoch Vorreiter von beeindruckendem Erfolg sind. Ihre Fachkompetenz, Innovationskraft und Nischenspezialisierung zeichnen sie aus. Damit tragen Hidden Champions erheblich zur Wirtschaftskraft bei, schaffen besondere Arbeitsplätze und fördern Innovation.

6.2 Nach dem Shitstorm ist vor dem Shitstorm

In der heutigen digital vernetzten Welt kann eine einzige Kontroverse, ein Missverständnis oder eine unglückliche Äußerung zu einem regelrechten Sturm der öffentlichen Empörung führen – dem berüchtigten „Shitstorm“. Doch selbst nachdem die Wellen sich geglättet haben, ist die Gefahr eines erneuten Sturms stets präsent. Ein Shitstorm, eine plötzliche Welle negativer öffentlicher Aufmerksamkeit und Kritik gegenüber einem Unternehmen, kann erheblichen Schaden anrichten. Ein effektives Krisenmanagement ist entscheidend, um das Vertrauen der Mitarbeiter und der Öffentlichkeit zurückzugewinnen.

Empfehlenswerte Schritte, die ein Unternehmen in einem Shitstorm befolgen sollte:

1. Agieren Sie umgehend. Ignorieren Sie die Situation nicht. Je schneller Sie reagieren, desto besser können Sie die Kontrolle über die Situation behalten.
2. Kommunizieren Sie offen und ehrlich über die Situation. Versuchen Sie nicht, die Probleme zu vertuschen oder abzustreiten. Akzeptieren Sie Verantwortung für etwaige Fehler.
3. Informieren Sie Ihre Mitarbeiter über die Situation, bevor sie von externen Quellen davon erfahren. Klären Sie sie über die Schritte auf, die das Unternehmen angeht, um die Situation zu bewältigen.

4. Bleiben Sie auf den relevanten Plattformen und sozialen Medien aktiv. Reagieren Sie auf Kommentare, Fragen und Bedenken. Zeigen Sie, dass das Unternehmen die Anliegen ernst nimmt.
5. Erklären Sie, welche Schritte das Unternehmen ergreift, um das Problem zu lösen oder zukünftige Probleme zu verhindern. Zeigen Sie einen klaren Aktionsplan auf.
6. Versuchen Sie, den Dialog mit den Hauptkritikern herzustellen. Ein konstruktiver Austausch kann dazu beitragen, Missverständnisse auszuräumen.
7. Analysieren Sie, was schiefgelaufen ist und wie so etwas künftig vermieden werden kann. Nutzen Sie die Krise als Gelegenheit, Prozesse zu überdenken und zu verbessern.

Ein Shitstorm kann eine herausfordernde Situation sein, aber ein gut durchdachtes und professionelles Krisenmanagement kann dazu beitragen, den Schaden zu begrenzen und das Vertrauen wiederherzustellen.

In einer Zeit, in der soziale Medien und öffentliche Meinung eine unmittelbare Wirkung haben, kann es immer wieder zu Krisensituationen kommen, die in einem sogenannten Shitstorm eskalieren. Nur sofortiges Handeln, offene Kommunikation, interne Information der Mitarbeiter, aktive Präsenz auf sozialen Medien, Erklärung von Lösungsansätzen und Dialog mit Kritikern helfen dabei, die Schäden zu minimieren und das Vertrauen wiederherzustellen.

6.3 Stärken von Start-ups

Die Start-up-Welt ist geprägt von Innovation, Risikobereitschaft und einem unaufhörlichen Streben nach Erfolg. Doch nicht alle Start-ups betreten die Bühne mit großem Kapital und etabliertem Namen. Im Gegenteil, viele junge Unternehmen starten mit begrenzten Ressourcen und einem unbekannten Brand. Doch auch Start-ups, die weder über viel Geld noch über schicke Büroräume verfügen, können durchaus attraktive Arbeitgeber sein, wenn sie ihre Stärken betonen, alternative Vergütungsmodelle nutzen und eine dynamische Unternehmenskultur schaffen.

Start-ups ohne ausreichend finanzielle Ressourcen können beispielsweise wie folgt ihre Stärken betonen, um potenzielle Talente anzuziehen:

1. Erzählen Sie Ihre Gründungsgeschichte und Ihre Mission. Erklären Sie, warum Ihr Start-up gegründet wurde und welchen Zweck es erfüllen möchte. Authentizität kann Menschen ansprechen, die sich mit Ihrer Vision identifizieren.
2. Zeigen Sie, wie engagiert und dynamisch Ihr Team ist. Start-ups bieten oft die Möglichkeit, in einem engen Teamumfeld zu arbeiten, wo jede Stimme zählt. Betonen Sie die Zusammenarbeit, den Ideenaustausch und die Teamarbeit.
3. Betonen Sie die Lernkultur Ihres Start-ups. Zeigen Sie, dass Sie Wachstum und Weiterbildung fördern, auch wenn Sie nicht über ein großes Budget für Schulungen verfügen.

4. Start-ups können oft attraktive Arbeitsbedingungen bieten, wie Remote-Arbeit oder flexible Arbeitszeiten. Dies kann Menschen ansprechen, die nach einer ausgewogenen Work-Life-Balance suchen.
5. Start-ups bieten oft die Möglichkeit, praktische Erfahrungen in verschiedenen Bereichen zu sammeln. Dies kann auf Menschen anziehend wirken, die ihre Fähigkeiten erweitern möchten.

In der heutigen digitalen Ära gibt es vielfältige Möglichkeiten für Start-ups, ihre Attraktivität als Arbeitgeber zu maximieren:

1. Start-ups sollten ihre Präsenz in den sozialen Medien verstärken, um potenzielle Talente anzusprechen. Durch regelmäßige Beiträge, Einblicke in den Arbeitsalltag und Erfolgsgeschichten können sie ihre Unternehmenskultur und -werte vermitteln.
2. Die digitale Technologie ermöglicht Remote-Arbeit und flexible Arbeitszeiten. Start-ups können diese Flexibilität nutzen, um Fachkräfte anzuziehen, die nach einer ausgewogenen Work-Life-Balance suchen.
3. Start-ups können fortschrittliche Technologien und Tools nutzen, um eine moderne Arbeitsumgebung zu schaffen. Virtuelle Meetings, Kollaborationstools und innovative Arbeitsmethoden zeigen, dass das Unternehmen am Puls der Zeit ist.
4. Neben dem Gehalt können Start-ups alternative Vergütungsmodelle anbieten, wie Mitarbeiterbeteiligungen oder Leistungsboni. Diese Anreize können hoch qualifizierte Fachkräfte ansprechen.

5. Junge Talente suchen oft nach Möglichkeiten, früh Verantwortung zu übernehmen und Einfluss zu haben. Start-ups können dies bieten, indem sie Mitarbeiter in Entscheidungsprozesse einbinden und ihnen Raum für Ideen und Innovationen geben.

Es ist eine Herausforderung für Start-ups, trotz begrenzter finanzieller Mittel und fehlendem Bekanntheitsgrad als attraktive Arbeitgeber aufzutreten. In der heutigen digitalen Ära bieten sich jedoch vielfältige Möglichkeiten, die Attraktivität zu maximieren, darunter eine starke Präsenz in den sozialen Medien, die Nutzung moderner Technologien, flexible Arbeitsbedingungen und innovative Vergütungsansätze.

6.4 Alle einbeziehen und mitnehmen

Um eine positive Arbeitsatmosphäre zu schaffen und den Zusammenhalt im Unternehmen zu stärken, ist es von großer Bedeutung, alle Mitarbeiter einzubeziehen und Gemeinsamkeiten zu fördern. Eine wohlwollende und unterstützende Umgebung kann nicht nur die Zufriedenheit und das Wohlbefinden der Mitarbeiter steigern, sondern auch die Produktivität und Kreativität fördern.

Hier finden Sie einige bewährte Methoden, wie Unternehmen eine Wohlfühlatmosphäre schaffen und Gemeinsamkeiten unter den Mitarbeitern fördern können:

1. Ermöglichen Sie einen offenen und respektvollen Dialog zwischen Mitarbeitern und Führungskräften. Regelmä-

ßige Meetings, Feedback-Runden und offene Kommunikationskanäle schaffen Transparenz und fördern den Austausch von Ideen und Anliegen.

2. Stellen Sie die Unternehmenswerte und -ziele in den Vordergrund und vermitteln Sie, wie diese von jedem Mitarbeiter geteilt und gelebt werden können. Eine gemeinsame Ausrichtung schafft Identifikation und Zusammengehörigkeitsgefühl.
3. Organisieren Sie regelmäßig Teambuilding-Veranstaltungen und Aktivitäten, die die Mitarbeiter dazu ermutigen, außerhalb des Arbeitskontextes miteinander zu interagieren. Das kann von Team-Workshops bis hin zu gemeinsamen Sport- oder Kreativaktivitäten reichen.
4. Ermutigen Sie die Mitarbeiter dazu, in interdisziplinären Teams an gemeinsamen Projekten zu arbeiten. Das fördert den Austausch von Fachwissen, die Zusammenarbeit und das Verständnis für unterschiedliche Arbeitsbereiche.
5. Etablieren Sie ein Mentoring-Programm, bei dem erfahrene Mitarbeiter ihr Wissen und ihre Erfahrungen an neue Kollegen weitergeben. Dies unterstützt nicht nur die berufliche Entwicklung, sondern fördert auch den Austausch zwischen verschiedenen Generationen.
6. Schaffen Sie eine inklusive Unternehmenskultur, in der Vielfalt geschätzt wird. Fördern Sie Diversität in Bezug auf Geschlecht, Ethnizität, Alter und Hintergrund, und sorgen Sie dafür, dass sich jeder Mitarbeiter respektiert und wertgeschätzt fühlt.
7. Organisieren Sie regelmäßige Veranstaltungen, wie Team-Mittagessen, Jubiläumsfeiern oder kulturelle

Events. Diese Momente bieten Gelegenheit für informellen Austausch und zwangloses Kennenlernen.

8. Bieten Sie flexible Arbeitszeiten und Optionen für Remote-Arbeit an. Das ermöglicht den Mitarbeitern, Berufs- und Privatleben besser in Einklang zu bringen.
9. Zeigen Sie regelmäßig Anerkennung für die Leistungen der Mitarbeiter. Kleine Gesten wie Lob, Dankeskarten oder die Wahl des Mitarbeiters des Monats tragen dazu bei, eine positive Atmosphäre zu schaffen.
10. Bieten Sie den Mitarbeitern die Möglichkeit, an Entscheidungsprozessen teilzunehmen und ihre Ideen einzubringen. Das erhöht das Gefühl der Mitbestimmung und Zugehörigkeit.

Wir sind ein Team

Das Einbeziehen aller Mitarbeiter in den Arbeitsalltag und die Unternehmenskultur ist von entscheidender Bedeutung, da es eine Vielzahl von positiven Auswirkungen auf das Unternehmen, die Mitarbeiter und letztendlich auch auf den Erfolg des Unternehmens hat. Wenn alle Mitarbeiter einbezogen werden, entsteht ein Gefühl der Gemeinschaft und des Zusammenhalts. Teams arbeiten effektiver zusammen und unterstützen einander, was die Produktivität und die Qualität der Arbeit steigern kann.

Wertschätzung zeigen

Das Gefühl, dass die eigene Arbeit wertgeschätzt wird und dass man an Entscheidungsprozessen beteiligt ist, steigert die Motivation der Mitarbeiter. Sie fühlen sich mehr mit dem

Unternehmen verbunden und sind bereit, sich stärker zu engagieren. Wenn Mitarbeiter das Gefühl haben, ein wichtiger Teil des Unternehmens zu sein, sind sie eher geneigt, dem Unternehmen treu zu bleiben. Dies reduziert die Fluktuation und die damit verbundenen Kosten der Mitarbeiterrekrutierung und -einarbeitung.

Gemeinsame Kultur leben

Wenn alle Mitarbeiter die Werte und Ziele des Unternehmens teilen und aktiv leben, wird die Unternehmenskultur gestärkt. Dies führt zu einer kohärenten Identität und einem einheitlichen Auftreten nach innen und außen. Außerdem können durch verschiedene Blickwinkel auf Probleme gute Lösungen gefunden werden, die umfassend und effektiv sind. Wenn Mitarbeiter merken, dass ihre Meinungen gehört und berücksichtigt werden, steigt das Vertrauen in die Führungsebene und das Unternehmen insgesamt. Dies wirkt sich positiv auf die Mitarbeiter-Führungskräfte-Beziehung aus.

Die richtigen Kanäle nutzen

Um alle Mitarbeiter zu erreichen und mitzunehmen, ist es wichtig, die richtigen Kommunikationskanäle zu nutzen. Je nachdem, welche Zielgruppe angesprochen werden soll, können verschiedene Kanäle wie E-Mails, Intranet, interne Social-Media-Plattformen oder Mitarbeiter-Meetings eingesetzt werden. Es ist entscheidend, regelmäßig zu kommunizieren, Informationen transparent zu teilen und den Dialog mit den Mitarbeitern zu suchen, um sicherzustellen, dass jeder abgeholt und informiert wird.

Was ist beim Aufbau einer wirkungsvollen Nachhaltigkeitskommunikation zu beachten?

1. Authentizität: ehrlich und transparent über Nachhaltigkeitsleistungen und -ziele berichten, kein „Greenwashing“, fakten- und datenbasierte Kommunikation
2. Zielgruppenorientierung: Interessen und Art der Ansprache berücksichtigen
3. Konsistenz: intern und extern, Passung zu Ihrer Unternehmensidentität und -strategie
4. Interaktivität: Dialog und Austausch mit Zielgruppen, digital und persönlich, auch über Social Media und andere digitale Tools, Feedback und Fragen sammeln und beantworten
5. Innovation: neue Technologien und innovative Ansätze für Erlebbarkeit, wie VR oder AR
6. Zusammenarbeit: mit Unternehmen, NGOs und Regierungsorganisationen Nachhaltigkeitslösungen erarbeiten und Bemühungen kommunizieren, das unterstreicht Glaubwürdigkeit und Reichweite
7. Nachhaltigkeitsberichterstattung: Nachhaltigkeitsbericht, der Nachhaltigkeitsleistungen und -ziele dokumentiert, stärkt das Vertrauen Ihrer Zielgruppen
8. Positiv: kein erhobener Zeigefinger, sondern: Das können wir bewegen!

Was ist bei der Nachhaltigkeitskommunikation in Social Media zu beachten?

1. Glaubwürdigkeit: Übereinstimmung von Nachhaltigkeitsleistung und Kommunikation

2. Authentizität: Marketingsprüche schaden Glaubwürdigkeit, Kompetenz und Dialogfähigkeit stärken Autorität
3. Dialogbereitschaft: Dialog auf Augenhöhe, Eingehen auf Fragen und Argumente fördert Wertschätzung
4. Transparenz: Schwächen ansprechen und Verbesserungsvorschläge berücksichtigen, Offenheit über Fortschritte und Rückschläge stärkt Vertrauen
5. Langer Atem: Kontinuität fördert Vertrauen, Respekt und Autorität, Rückzug bei Gegenwind schadet

Wie kann ich den Erfolg messbar machen?

1. Quantitative Messgrößen, Kennzahlen: Anzahl erreichter Personen, Klickrate oder Social-Media-Interaktionen
2. Qualitative Messgrößen: Bewertung der Auswirkungen auf Wahrnehmung und Einstellung der Zielgruppen zur Ermittlung der Meinungen und Einstellungen
3. Indikatoren: Indirekte Kennzahlen, wie Kunden- oder Mitarbeitenden-Zufriedenheit, Reputation oder Unternehmenskultur

Kein Unternehmen ist wie das andere, und es gibt viele besondere Situationen und Herausforderungen, die Unternehmen in ihrem Bestreben, attraktive Arbeitgeber zu sein, bewältigen müssen:

- Hidden Champions sind Unternehmen, die in ihrer Nische erfolgreich agieren, obwohl sie nicht im grellen Rampenlicht stehen. Diese Unternehmen sind oft Pioniere, treiben Innovationen voran und schaffen hoch spezialisierte Arbeitsplätze.

Sie tragen zur lokalen Wirtschaftskraft bei und sind wichtige Akteure im globalen Wettbewerb.

- Gerät ein Unternehmen in eine Krisensituation, ist dies eine besondere Herausforderung, insbesondere in Zeiten, in denen soziale Medien eine bedeutende Rolle für die öffentliche Meinung spielen. Mit den richtigen Strategien, wie schnelles Handeln, offene Kommunikation, Dialog mit Kritikern und Lernen aus Fehlern, kann man ein effektives Krisenmanagement betreiben.
- Start-ups können trotz begrenzter Ressourcen und fehlendem Bekanntheitsgrad als attraktive Arbeitgeber auftreten, indem sie ihre Stärken betonen, innovative Vergütungsmodelle nutzen und eine dynamische Unternehmenskultur schaffen.
- Die Schaffung einer positiven Arbeitsatmosphäre und der Zusammenhalt im Unternehmen sind zentral für den Unternehmenserfolg. Bewährte Methoden zur Einbeziehung aller Mitarbeiter, wie offene, vertrauensvolle Kommunikation, die Fehler zulässt, Teambuilding-Aktivitäten, flexible Arbeitsbedingungen und Anerkennung der Mitarbeiterleistungen, sind hier am wirksamsten.
- Bei der Ansprache aller Mitarbeiter kommt es darauf an, die jeweils richtigen Kommunikationskanäle zu nutzen, die authentisch, zielgruppenorientiert, konsistent, interaktiv, innovativ und transparent bedient werden sollten.

7. Kommunikation mit den Stakeholdern

Stakeholder spielen eine wichtige Rolle für Unternehmen. Ihre gezielte Ansprache ist daher von großer Bedeutung. Um sie gezielt zu erreichen, bieten sich verschiedene Wege und Kanäle an.

7.1 Präsenz in Social Media

Social Media spielt eine immer größere Rolle in der Kommunikation und bietet eine effektive Möglichkeit, Menschen zu erreichen und Botschaften viral zu verbreiten. Unternehmen sollten ihre Präsenz in den sozialen Medien verstärken und innovative Wege finden, um ihre Nachhaltigkeitsinitiativen zu teilen. Die Nutzung interner Influencer, also Mitarbeiter, die sich für Nachhaltigkeit einsetzen und ihre Erfahrungen teilen, kann eine starke Wirkung auf andere haben.

Tipps für eine erfolgreiche Präsenz in den sozialen Medien:

1. Entwickeln Sie eine klare Social-Media-Strategie, die Ihre Ziele, Zielgruppe und Botschaften definiert. Legen Sie fest, welche Plattformen am besten zu Ihrem Unternehmen passen.
2. Erstellen Sie ansprechenden und relevanten Content, der die Interessen Ihrer Zielgruppe anspricht und sie zum

Teilen motiviert. Nutzen Sie Videos, Bilder und Infografiken, um den Content attraktiver zu gestalten.

3. Veröffentlichen Sie regelmäßig Content, um Ihre Präsenz aufrechtzuerhalten und Ihre Follower zu engagieren. Bleiben Sie konsistent in Ihrem Branding und in Ihrer Sprache.
4. Reagieren Sie auf Kommentare, Fragen und Nachrichten Ihrer Follower. Zeigen Sie Interesse an Ihren Followern und fördern Sie den Dialog.
5. Verwenden Sie relevante Hashtags, um Ihre Beiträge einer breiteren Zielgruppe zugänglich zu machen und Ihre Reichweite zu erhöhen.
6. Identifizieren Sie Mitarbeiter oder Führungskräfte, die als interne Influencer fungieren können. Sie können die Glaubwürdigkeit Ihrer Marke erhöhen und eine persönliche Verbindung zu Ihrer Zielgruppe herstellen.
7. Überwachen Sie die Performance Ihrer Beiträge und Kampagnen mit Social-Media-Analysetools. Nutzen Sie diese Erkenntnisse, um Ihre Strategie zu verbessern und zu optimieren.
8. Seien Sie vorbereitet, falls negative Kommentare oder Reaktionen auftreten. Entwickeln Sie ein effektives Krisenmanagement, um angemessen zu reagieren und den Schaden zu begrenzen.

Unternehmen müssen ihre Präsenz in den sozialen Medien verstärken und innovative Methoden zur Verbreitung ihrer Nachhaltigkeitsinitiativen finden. Dabei agieren interne Influencer, also engagierte Mitarbeiter, die ihre Nachhaltig-

keitserfahrungen teilen, als wirksames Instrument in der Kommunikationsstrategie. Sie beinhaltet auch aktuellen Content, relevante Hashtags und eine vorbereitete Strategie für den Krisenfall.

7.2 Nachhaltigkeitsberichterstattung für interne und externe Stakeholder

Die transparente Berichterstattung über Nachhaltigkeitsleistungen ist von großer Bedeutung, um das Vertrauen der internen und externen Stakeholder zu gewinnen. Unternehmen sollten regelmäßig über ihre Nachhaltigkeitsfortschritte berichten und klare Ziele und Kennzahlen festlegen. Eine umfassende Nachhaltigkeitsberichterstattung ermöglicht es den Stakeholdern, die Auswirkungen und den Beitrag des Unternehmens zur Nachhaltigkeit besser zu verstehen.

Aufbau eines Nachhaltigkeitsberichts:

1. Geben Sie eine kurze Einführung in das Unternehmen und seine Nachhaltigkeitsstrategie.
2. Stellen Sie die Nachhaltigkeitsziele des Unternehmens vor und erläutern Sie, wie sie in die Unternehmensstrategie integriert sind.
3. Beschreiben Sie die Governance-Struktur und das Management für Nachhaltigkeitsthemen im Unternehmen.
4. Identifizieren Sie die wesentlichen Nachhaltigkeitsthemen, die für das Unternehmen und seine Stakeholder am relevantesten sind.

5. Präsentieren Sie quantitative und qualitative Leistungskennzahlen, um den Fortschritt bei den Nachhaltigkeitszielen zu messen.
6. Berichten Sie über konkrete Maßnahmen und Initiativen, die das Unternehmen in Bezug auf Nachhaltigkeit ergriffen hat.
7. Beschreiben Sie, wie das Unternehmen mit seinen Stakeholdern in Bezug auf Nachhaltigkeit kommuniziert und wie der Dialog gefördert wird.
8. Zeigen Sie auf, welche Chancen und Herausforderungen sich für das Unternehmen aus den Nachhaltigkeitszielen ergeben.
9. Geben Sie einen Ausblick auf die geplanten Maßnahmen und Initiativen in Bezug auf Nachhaltigkeit.
10. Erwähnen Sie, wenn vorhanden, Nachhaltigkeitszertifizierungen oder Auszeichnungen, die das Unternehmen erhalten hat.

Nutzen des Nachhaltigkeitsberichts

Ein umfassender Nachhaltigkeitsbericht vermittelt Transparenz und Glaubwürdigkeit und stärkt das Vertrauen der Stakeholder in das Unternehmen. Nutzen Sie den Bericht, um Ihre Nachhaltigkeitsleistung zu kommunizieren und Ihre Bemühungen für eine nachhaltige Zukunft hervorzuheben. Der Bericht ermöglicht einen effektiven Dialog und mehr Engagement mit den Stakeholdern, um deren Erwartungen besser zu verstehen.

Positive Effekte
Ein positiver Nachhaltigkeitsbericht kann das Image und die Reputation des Unternehmens verbessern und es attraktiver für Kunden, Investoren und Mitarbeiter machen. Ein überzeugender Nachhaltigkeitsbericht kann das Unternehmen von Wettbewerbern abheben und es als verantwortungsbewussten Akteur in der Branche positionieren. Nicht zuletzt profitieren auch die Unternehmen davon: Nachhaltigkeitsberichte fördern eine langfristige Denkweise und helfen, die Unternehmensstrategie auf eine nachhaltige Zukunft auszurichten.

Stakeholder spielen eine wichtige Rolle für Unternehmen. Ihre gezielte Ansprache ist daher von großer Bedeutung.

- Eine wirksame Plattform für virale Kommunikation stellt der Social-Media-Auftritt des Unternehmens dar. Interne Influencer sind ein äußerst wertvolles Instrument, um die Nachhaltigkeitsinitiativen zu verbreiten.
- Eine transparente Nachhaltigkeitsberichterstattung – gerichtet an interne und externe Stakeholder – ist heutzutage essenziell. Angefangen von der Vorstellung der Nachhaltigkeitsstrategie über die Darstellung von konkreten Maßnahmen und quantitativen sowie qualitativen Leistungskennzahlen bis hin zum Ausblick auf Ziele für die Zukunft bietet ein solcher Bericht großen Nutzen für das Unternehmen und stärkt die Bindung zu den Stakeholdern.

Fast Reader

1. Einführung in die Thematik der Arbeitgeberattraktivität

Die Arbeitgeberattraktivität ist entscheidend, um talentierte Fachkräfte anzuziehen und langfristig zu binden. Es gibt verschiedene Methoden, um die Attraktivität eines Arbeitgebers zu messen.

- Mitarbeiterbefragungen können wertvolle Erkenntnisse liefern, um gezielte Verbesserungsmaßnahmen abzuleiten.
- Externe Rankings bieten die Möglichkeit, die Position im Vergleich zu anderen Unternehmen zu bewerten.
- Die Fluktuationsanalyse kann Trends bei der Mitarbeiterbindung aufzeigen.
- Die Anzahl und die Qualität der Bewerber geben Hinweise auf die Wahrnehmung als Arbeitgeber.
- Die Auswertung von Social-Media-Aktivitäten lässt Rückschlüsse auf positive und negative Erfahrungen von (ehemaligen) Mitarbeiten zu.

2. Wirkung der Arbeitgeberattraktivität – zwei Sichtweisen

Zufriedene, engagierte Mitarbeiter bilden das Fundament einer produktiven und innovativen Arbeitsumgebung.

- Dies beginnt bei einer vertrauensvollen Unternehmenskultur, in der Mitarbeiter sich gehört und respektiert fühlen. Dazu zählen eine offene Kommunikation, Transparenz in Entscheidungsprozessen, eine gute Feedbackkultur und die Einbindung von Mitarbeitern in Entscheidungen und Projekte.
- Gezielte Weiterbildungs- und Entwicklungsangebote ermöglichen es Mitarbeitern, ihr Potenzial zu entfalten und sich kontinuierlich zu verbessern.
- Flexible Arbeitszeitmodelle und Unterstützung bei der Vereinbarkeit von Beruf und Familie helfen, ein gesundes Gleichgewicht zwischen Arbeit und Privatleben zu schaffen.
- Eine Kultur der Anerkennung fördert nicht nur die individuelle Entwicklung, sondern stärkt auch den Zusammenhalt im Team.

3. Besondere Anforderungen an Arbeitgeberattraktivität

Um talentierte Fachkräfte anzuziehen und langfristig zu binden, sind besondere Anforderungen an die Arbeitgeberattraktivität unabdingbar.

- In einer zunehmend digitalisierten und flexiblen Arbeitswelt gewinnt Self-Leadership an Bedeutung. Arbeitnehmer müssen in der Lage sein, sich selbst zu führen und ihre Arbeit eigenverantwortlich zu organisieren.
- Nachhaltige Führung bezieht sich neben ökologischen auch auf soziale und ökonomische Aspekte. Arbeitgeber sollten eine Unternehmenskultur schaffen, die auf langfristigem

Erfolg basiert und die Bedürfnisse der Mitarbeitenden, Kunden und der Gesellschaft insgesamt berücksichtigt.

- Die Stärkung von Teams und ein vertrauensvolles Klima sind entscheidend für den Erfolg eines Unternehmens und die Attraktivität als Arbeitgeber. Teams sollten gezielt zusammengesetzt werden, indem sie die individuellen Fähigkeiten und Stärken der Mitarbeiter bündeln.

4. Green Economy als Attraktivitätsfaktor

Green Economy ist ein maßgeblicher Attraktivitätsfaktor für Unternehmen und Regionen. Durch den Fokus auf Nachhaltigkeit wirkt sie anziehend auf Investoren, Fachkräfte und innovative Köpfe.

- Unternehmen, die auf erneuerbare Energien, Ressourceneffizienz und Kreislaufwirtschaft setzen, sind nicht nur wirtschaftlich erfolgreich, sondern auch attraktive Arbeitgeber für qualifizierte Fachkräfte.
- Die Green Economy bietet Regionen neue Chancen für Wachstum und Entwicklung.
- Unternehmen sollten transparent über ihre Nachhaltigkeitsbemühungen berichten und ehrliche Werbung betreiben.
- Ein fairer Wettbewerb und regionales Engagement sind weitere Aspekte, die zur Attraktivität in der Green Economy beitragen können.

5. Soziale Nachhaltigkeit

Soziale Nachhaltigkeit spielt eine zentrale Rolle in der verantwortungsvollen Unternehmensführung. Dabei sind folgende Aspekte entscheidend:

- **Gerechte Bezahlung/Wertschöpfung:** Stellen Sie sicher, dass Löhne und Gehälter gerecht sind, unabhängig von Geschlecht, Alter oder ethnischer Zugehörigkeit, und dass die Wertschöpfung entlang der Lieferkette fair verteilt wird und keine Menschenrechtsverletzungen vorkommen.
- **Arbeitssicherheit und Gesundheitsschutz:** Gewährleisten Sie sichere Arbeitsbedingungen und ergreifen Sie Maßnahmen, um Unfälle und Verletzungen zu vermeiden und die physische und psychische Gesundheit Ihrer Mitarbeiter zu erhalten.
- **Kultur der Vielfalt:** Schaffen Sie eine inklusive Unternehmenskultur, die Vielfalt und Chancengleichheit fördert und auch die Bedürfnisse unterschiedlicher Generationen erfüllt.
- **Vereinbarkeit von Familie und Beruf:** Bieten Sie Maßnahmen zur Erleichterung der Balance zwischen Beruf und Familie an.
- **Weiterbildung:** Fördern Sie die berufliche Weiterentwicklung Ihrer Mitarbeitenden.

6. Besondere Herausforderungen

Es gibt viele besondere Situationen und Herausforderungen, die Unternehmen in ihrem Bestreben, attraktive Arbeitgeber zu sein, bewältigen müssen:

- **Hidden Champions** sind erfolgreiche Unternehmen abseits des Rampenlichts, die ihre Attraktivität steigern, indem sie gezieltes Marketing, Employer Branding und soziale Medien nutzen, um ihre Stärken und Erfolge zu kommunizieren.
- In Krisenzeiten, die nicht selten mediale **Shitstorms** mit gravierenden Folgen auslösen, sollten Unternehmen transparent kommunizieren, Verantwortung übernehmen und konkrete Maßnahmen ergreifen, um das Vertrauen von Mitarbeitern und Öffentlichkeit zurückzugewinnen.
- **Start-ups** ohne etablierte Namen und begrenztes Budget können attraktive Arbeitgeber sein, indem sie Flexibilität, Dynamik und Mitarbeiterbeteiligung betonen und eine positive Unternehmenskultur schaffen.
- Ein attraktives Unternehmen bietet z. B. eine **positive Arbeitsatmosphäre**, Teamwork, Weiterbildungsmöglichkeiten und eine ausgewogene Work-Life-Balance, um Mitarbeiter anzuziehen. Gemeinsame Aktivitäten und Projekte sowie soziales Engagement stärken den Zusammenhalt einmal mehr.

7. Kommunikation mit den Stakeholdern

Stakeholder spielen eine wichtige Rolle für Unternehmen. Ihre gezielte Ansprache ist daher von großer Bedeutung.

- Eine wichtige Plattform für Kommunikation stellt der Social-Media-Auftritt des Unternehmens dar. Dabei eignen sich interne Influencer besonders gut, um Nachhaltigkeitsinitiativen zu verbreiten.

- Eine transparente Nachhaltigkeitsberichterstattung ist heutzutage essenziell. Angefangen von der Vorstellung der Nachhaltigkeitsstrategie über die Darstellung von konkreten Maßnahmen und quantitativen sowie qualitativen Leistungskennzahlen bis hin zum Ausblick auf Ziele für die Zukunft bietet ein solcher Bericht großen Nutzen für das Unternehmen und stärkt die Bindung zu den Stakeholdern.

Die Autorin

Prof. Dr. Anabel Ternès gilt als eine der führenden Köpfe für Nachhaltigkeit und Digitalisierung. Die mehrfach ausgezeichnete Zukunftsforscherin, Keynote Speakerin, Autorin und Gründerin nachhaltiger Start-ups – und vom Handelsblatt als eine der führenden Vordenkerinnen und Visionärinnen bezeichnet – ist Direktorin des Berliner Instituts für Nachhaltigkeitsmanagement mit Führungserfahrung im Business Development bekannter Konsumgüterunternehmen. Die LinkedIn Top Voice Nachhaltigkeit engagiert sich in Gremien und Boards, darunter als Mitglied der UN Ocean Decade, des Club of Rome und Präsidentin des Club of Budapest Germany.

Kontakt:
Prof. Dr. Anabel Ternès
Sustain Plus GmbH
Marburger Straße 16
35232 Dautphetal – Dautphe
E-Mail: management@anabelternes.de
https://anabelternes.de

Weiterführende Literatur

Adams, K. L. (2020): Employee Benefits and Workplace Well-Being. Seattle: Emerald Publishing

Brown, L. H., & Davis, R. P. (2019): The Power of Flexible Work Arrangements. Los Angeles: Sage Publications

Garcia, A. B., & Nguyen, T. Q. (2019): Millennial Attraction: Strategies for Building a Multi-Generational Workforce. Miami: Palgrave Macmillan

Johnson, M. R. (2020): Employee Engagement and Organizational Performance. Chicago: University of Chicago Press

Lewis, C. D., & Turner, R. A. (2018): Work-Life Balance: A Comprehensive Guide for Employers. New York: McGraw-Hill

Martinez, S. G. (2018): Diversity and Inclusion Initiatives in the Modern Workplace. Boston: Beacon Press

Mitchell, P. H. (2020): Leadership and Organizational Culture: Drivers of Workplace Attractiveness. Toronto: University of Toronto Press

Patel, R. S. (2021): Sustainable Business Practices for Employer Branding. London: Routledge

Smith, J. A. (2021): Creating a Culture of Workplace Attractiveness. New York: HarperCollins

White, G. L., & Young, S. M. (2019): Talent Acquisition Strategies for Competitive Employer Branding. Houston: Gulf Professional Publishing

Williams, E. T. (2021): The Future of Remote Work: Strategies for Attracting and Retaining Talent. San Francisco: Jossey-Bass

Register